Verfahrenstechnik in Einzeldarstellungen

Herausgegeben von Dr.-Ing. J. Spangler und Dr.-Ing. W. Matz

5

Die Wirbelschicht als Energieübertragungsfläche

Von

Dr.-Ing. W. Matz

Frankfurt (Main)-Höchst

Mit 27 Abbildungen

Springer-Verlag Berlin Heidelberg GmbH
1958

ISBN 978-3-540-02346-3   ISBN 978-3-642-52092-1 (eBook)
DOI 10.1007/978-3-642-52092-1

Vorwort

In diesem Buch werden die Energieübertragungsflächen von einem ganz neuen Standpunkt aus betrachtet, der dem Leser vielleicht zunächst etwas abstrakt, aber dann nach erfolgreichem Studium des Buches doch ganz natürlich erscheinen mag. Er wird finden, daß die hier angewendete vektoranalytische Betrachtungsweise ganz und gar keine erzwungene ist, sondern eine von der Natur gegebene. Denn das hier benutzte Gesetz vom flächennormalen wirbelhaften Vektorfeld schließt das Gesetz vom umkehrbaren und nichtumkehrbaren Kreisprozeß, vom wegabhängigen und wegunabhängigen Vorgang, das Auftreten des integrierenden Nenners usw. ein. Dies sind aber gerade Betrachtungen, die bei der Behandlung des 2. Hauptsatzes der Thermodynamik eine wesentliche Rolle spielen. Der integrierende Nenner erscheint hier als eine beliebige Ortsfunktion λ, die mit einem Gradienten (grad φ) eines Potentialfeldes φ multipliziert, den Feldvektor $\mathfrak{A}$ des flächennormalen wirbelhaften Feldes ergibt, nämlich $\mathfrak{A} = \lambda \ \text{grad} \ \varphi$. Es wird gezeigt, daß der meistens nur aus der Thermodynamik bekannte integrierende Nenner bei allen möglichen Energieübertragungen auftritt. Der aufmerksame Leser wird feststellen, daß der neue vektoranalytische Weg letzten Endes doch leicht verständlich ist und ihm nebenher gemeinsame Beziehungen zwischen den verschiedensten Energieübertragungen vermittelt. Nach einer kurzen Einleitung wird im Abschn. I das vektorielle Merkmal des flächennormalen, wirbelhaften Feldes behandelt. Im Abschn. II werden der STOKESsche Satz und das flächennormale Feld besprochen. Abschn. III bringt Beispiele des wirbelhaften flächennormalen Feldes aus der Verfahrenstechnik. Im Abschn. IV schließlich werden kurz Folgerungen aus den Ausführungen gezogen. An mathematischen Kenntnissen werden vom Leser nur die Kenntnis der Grundzüge der Vektoranalysis und die Grundlagen der Differential- und Integralrechnung verlangt.

Ich möchte es nicht versäumen, dem Springer-Verlag an dieser Stelle meinen verbindlichsten Dank zu sagen für die hervorragende und schnelle Ausführung der Drucklegung von Text und Bildern.

Mit dem Wunsche, daß das Buch sowohl an den Hochschulen als auch in der Praxis recht viele Freunde finden möge, übergebe ich es hiermit den Fachkreisen.

Frankfurt a. M.-Höchst, September 1957

Werner Matz

1*

Inhaltsverzeichnis

Bezeichnungen

1. Lateinische Buchstaben

A	$=$	1/427 kcal/mkg, mechanisches Wärmeäquivalent
A	$=$	Arbeit in mkg
$A = |\mathfrak{A}|$	$=$	Betrag eines Vektors; A_r, A_z, A_t = radiale, axiale, tangentiale Komponente
$B = m\,v\,r$	$=$	Drall, Impulsmoment in mkgs
b, b_r, b_f, b_c	$=$	Beschleunigungen in m/sek²
C	$=$	Zentripetalkraft in kg
C	$=$	Integrationskonstante
c_1, c_2, c_v	$=$	spezifische Wärmen in kcal/kg °C
F, f	$=$	Fläche in m²
G	$=$	Gewichtsmenge in kg
g	$=$	Erdbeschleunigung in m/sek²
H	$=$	Höhe in m
$H = |\mathfrak{H}|$	$=$	Betrag des Wärmevektors $|\mathfrak{H}|$
h	$=$	die auf 1 m Länge bezogene Austauschfläche m²/m
I	$=$	abgekürzte Bezeichnung für Integral $\displaystyle\int_{r=r_0}^{r=r_1} r^2\,dr \sqrt{v_{r0}^2 + \omega^2\,(r^2 - r_0^2)}$
k	$=$	Wärmedurchgangszahl in kcal/m² h °C
L	$=$	Arbeit in mkg
M_d	$=$	Drehmoment in mkg
m_1	$=$	$kh/q_1\gamma_1 c_1$
m_2	$=$	$kh/q_2\gamma_2 c_2$
n	$=$	Anzahl von Elementen
N	$=$	Leistung in mkg/sek
P	$=$	Druck in kg/m²
$P = P(x,y)$	$=$	Koeffizient von dx im totalen Differential
Q	$=$	Gewicht des Wassers in kg bei Kolbenpumpe
Q	$=$	Wärmemenge in kcal bei thermodynamischen Untersuchungen
$Q = Q(x,y)$	$=$	Koeffizient von dy im totalen Differential
R	$=$	Gaskonstante in mkg/°C kg
R	$=$	Radialkraft in kg
R	$=$	Reibungskraft in kg
r	$=$	Kurbelradius in m
S	$=$	Entropie in kcal/°C
S	$=$	Stangenkraft in kg beim Kurbeltrieb
s	$=$	Kolbenweg in m bei Kolbenpumpe
T	$=$	absolute Temperatur in °K
T_∞	$=$	Grenztemperatur in °K beim Kühler
T	$=$	Tangentialkraft in kg
t	$=$	Zeit in sek
U	$=$	innere Energie in kcal
V	$=$	Volumen in m³

V_1	= Vertikalkraft am Kreuzkopf des Kurbeltriebs in kg
v_r, v_z, v_t	= radiale, axiale und tangentiale Geschwindigkeitskomponenten in m/sek
w_r, w_z, w_t	= radiale, axiale und tangentiale Wirbelkomponenten in sek^{-1}
z	= Zeit in sek
x, y, z	= Veränderliche

2. Deutsche Buchstaben

Vektoren werden mit deutschen Buchstaben bezeichnet.

$\mathfrak{A} = \lambda$ grad φ = allgemeiner Vektor

rot $\mathfrak{A}$ = Rotor $\mathfrak{A}$ = [grad λ grad φ]

Das äußere Produkt wird durch eckige Klammern [$\mathfrak{a}\,\mathfrak{b}$] angedeutet, das innere $\mathfrak{a}\,\mathfrak{b}$ ohne Klammern.

$\mathfrak{t}_0, \mathfrak{j}_0, \mathfrak{k}_0$	= sind die 3 Einheitsvektoren
$\mathfrak{t}_0$	= tangentialer Einheitsvektor
$\mathfrak{f} = \mathfrak{n}\, f_0$	= Vektor für Flächeninhalt
$\mathfrak{H}$	= Wärmevektor
$\mathfrak{T}$	= tangentialer Vektor
$\mathfrak{v}$	= Geschwindigkeitsvektor
$\mathfrak{w}$	= Wirbelvektor

3. Griechische Buchstaben

$\varkappa$	= Neigungswinkel der schiefen Ebene gegen Horizontalebene
γ	= spez. Gewicht in kg/m^3
η	= Wirkungsgrad
ϑ	= Drehwinkel im Bogenmaß
$\varkappa$	= Exponent bei adiabatischer Zustandsänderung
λ	= Parameter, Intensiv-Faktor
φ	= Parameter, Extensiv-Faktor
φ, φ'	= Drehwinkel im Bogenmaß
$\nabla \varphi$	= grad φ
ψ	= Drehwinkel im Bogenmaß
ν	= kinematische Zähigkeit in m^2/sek
$\mu = m_2/m_1$	= Verhältniszahl
μ	= Reibungskoeffizient
ϱ	= Dichte in kg sek^2/m^{-4}
ω	= Winkelgeschwindigkeit in sek^{-1}

Einleitung

Wissenschaftliche Betrachtungen über die Art des Energieüberganges von einem strömenden Energieträger vermittels Übertragungsflächen entweder auf einen anderen strömenden Energieträger oder auf Wellen periodisch arbeitender Kraftmaschinen sind außerordentlich lehrreich und wichtig für das tiefere Verständnis der Naturvorgänge sowohl von Wärme- als auch von Arbeitsleistungen. Wenn vielleicht solchen Überlegungen auf den ersten Blick etwas Abstraktes anhaften mag und wenn sie auch dem in der Praxis stehenden Ingenieur zunächst zu theoretisch erscheinen mögen, so möchte ich dennoch, abweichend von dem allgemeinen ausgetretenen Weg, versuchen, diese mir wichtig erscheinenden Zusammenhänge hier in möglichst einfacher, für jeden Ingenieur leicht verständlichen Form darzustellen. Ich hoffe nämlich, daß die aus den folgenden wissenschaftlichen Betrachtungen gewonnenen Erkenntnisse leicht für praktische Anwendungen ausgenutzt werden können und auf diese Weise schnell ihr abstraktes Gewand verlieren werden. Schon R. v. Mises hat 1909 in seiner umfangreichen Abhandlung „Theorie der Wasserräder" [1] den Schluß gezogen, daß auch bei der ideellen Flüssigkeitsbewegung die Wirbelflächen mit den Turbinen-Schaufelflächen zusammenfallend anzunehmen sind, und A. Föppl kam 1910 bei der Behandlung der Strömungsaufgabe der Turbinentheorie [2] zu der gleichen Erkenntnis. Durch diese Arbeiten wurde ein neuer Weg beschritten, der auf die Behandlung der Energieübertragung mittels der Wirbeltheorie hinwies. Ungefähr zur gleichen Zeit hat Carathéodory [3] Untersuchungen über die Grundlagen der Thermodynamik angestellt und zur Behandlung dieser Probleme die Unterscheidung von flächennormalen und nicht flächennormalen Feldern benutzt. Hierdurch konnte er aus einem Minimum von physikalischen Erfahrungen die Existenz der Entropie erschließen und den zweiten Hauptsatz der Thermodynamik in folgende Worte kleiden: „In beliebiger Nähe jedes Zustandes gibt es Nachbarzustände, dir durch adiabatische Vorgänge von dem ersten Zustand aus nicht erreichbar sind." Sowohl die neuartige Deutung der Schaufelflächen von Wasserkraftmaschinen als Wirbelflächen durch v. Mises und A. Föppl als auch die erstmalige Anwendung von flächennormalen und nicht flächennormalen Feldern auf die Grundlagen der Thermodynamik durch Caratheodory fußen auf dem vektoranalytischen Lehrsatz, daß in einem flächennormalen, wirbelhaften Felde der Feldvektor $\mathfrak{A}$ senkrecht zu seinem Rotor rot $\mathfrak{A}$ steht, oder daß in der Formelsprache der Vektoranalysis:

$$\mathfrak{A} \; \text{rot} \; \mathfrak{A} = 0 \tag{1}$$

ist [4]. Dieses bekannte allgemeine Gesetz birgt außerdem noch Aussagen über Energien in sich, die mathematisch gesehen ein unvollständiges Differential darstellen. Wie schon diese einleitenden Betrachtungen vermuten lassen, muß es also möglich sein, ganz allgemein die Wirbelschicht als Energieübertragungsfläche sowohl bei Wärme- als auch bei Arbeitsübertragung aufzufassen und den hierzu erforderlichen Beweis mit Hilfe der Vektoranalysis aus dem Lehrsatz über flächennormale wirbelhafte Felder zu erbringen.

I. Vektorielles Merkmal des flächennormalen, wirbelhaften Feldes

Ist in einem Raum die Abhängigkeit einer skalaren, nicht gerichteten Größe, z. B. der Temperatur, der Gefällehöhe oder der Entropie, von der Lage des betrachteten Feldpunktes $\mathfrak{r}$ durch eine skalare Funktion $\varphi(\mathfrak{r})$ erklärt, so ist das Feld dieser Größe bekannt. Die Punkte, auf denen die Funktion φ konstant ist, bilden bekanntlich krumme Flächen und werden als Niveauflächen oder Äquipotentialflächen der skalaren Ortsfunktion φ bezeichnet. Kennt man nun diese Flächenschar $\varphi = \text{konst.}$, so kann man in jedem Punkte den Gradienten dieser Funktion φ mit

$$\text{grad} \; \varphi = \mathfrak{i}_0 \frac{\partial \varphi}{\partial x} + \mathfrak{j}_0 \frac{\partial \varphi}{\partial y} + \mathfrak{k}_0 \frac{\partial \varphi}{\partial z} \tag{2}$$

angeben. Hierbei sind $\mathfrak{i}_0$, $\mathfrak{j}_0$, $\mathfrak{k}_0$ die bezüglichen Einheitsvektoren in den Richtungen der X-, Y- und Z-Achsen. Der positive Vektor grad φ soll in die Richtung der steigenden φ zeigen. Er steht senkrecht zur Äquipotentialfläche. Man kann ferner zur Vereinfachung vektorieller Rechnungen den grad φ auch durch die „räumliche Ableitung" der skalaren Größe φ darstellen als

$$\nabla \varphi^1 = \text{grad} \; \varphi \,. \tag{3}$$

Um nun die besonderen Eigenschaften solcher durch den Gradienten dargestellten Äquipotentialflächen zu erkennen, muß man das Linienintegral entlang einer beliebigen Kurve K und den aus diesem Linienintegral abgeleiteten Wirbelvektor rot $\mathfrak{A}$ betrachten. Hat beispielsweise ein Vektor $\mathfrak{A}$ in dem über eine geschlossene Kurve K genommenen Linienintegral $\int\limits_K \mathfrak{A} \, d\mathfrak{r}$ die Bedeutung einer Kraft, so versinnbildlicht bei einer Verschiebung der Kraft $\mathfrak{A}$ entlang der Kurve K das Linienintegral

---

[1] sprich: Nabla φ

die Umführungsarbeit der Kraft entlang der Kurve. Dieses Linienintegral hängt nun nach dem STOKESschen Satz [5] mit dem Wirbelvektor rot $\mathfrak{A}$ in bekannter Weise durch folgende physikalisch-mathematische Beziehung zusammen:

$$\oint_K \mathfrak{A}\, d\mathfrak{r} = \int_F d\mathfrak{f}\, \text{rot}\, \mathfrak{A} = \int_F d f\, \mathfrak{n}\, \text{rot}\, \mathfrak{A}\,. \tag{4}$$

In Worten ausgedrückt heißt dies: Das Randintegral von $\mathfrak{A}$ auf einer geschlossenen Kurve ist gleich dem Flächenintegral der Normalkomponente von rot $\mathfrak{A}$ auf einer beliebigen von der gegebenen Kurve berandeten Fläche. Die Vektoranalysis zeigt nun, daß sich ein wirbelfreier Vektor $\mathfrak{A}$, also rot $\mathfrak{A} = 0$, immer als Gradient (grad φ) einer skalaren Ortsfunktion $\varphi(\mathfrak{r})$ darstellen läßt und daß auch umgekehrt jeder Vektor $\mathfrak{A}$ von der Form grad φ wirbelfrei ist. Ganz allgemein gilt demnach für einen beliebigen stetigen Vektor grad φ

$$\text{rot grad}\, \varphi = 0 \tag{5}$$

und nach Gl. (4)

$$\oint_K \text{grad}\, \varphi\, d\mathfrak{r} = \int_F d\mathfrak{f}\, \text{rot grad}\, \varphi = 0\,.$$

Hierbei ist es gleichgültig, ob sich die geschlossene Kurve K auf der Äquipotentialfläche $\varphi(\mathfrak{r})$ befindet oder nicht. Befindet sich die Kurve K auf der Niveaufläche, dann muß selbstverständlich rot $\mathfrak{A} = 0$ sein, weil ja grad φ senkrecht zum Wegelement $d\mathfrak{r}$ steht und das innere Produkt grad $\varphi \cdot d\mathfrak{r}$ Null sein muß. Befindet sich jedoch die geschlossene Kurve K nicht auf der Niveaufläche, so muß das Linienintegral $\oint_K$ grad $\varphi\, d\mathfrak{r}$ deshalb zu Null werden und somit rot grad $\varphi = 0$ sein, weil die *totale* Änderung von φ auf der geschlossenen Kurve K zu Null wird.

Zum Unterschied gegen das flächennormale wirbelfreie Gradientenfeld gibt es aber, wie später noch gezeigt werden wird, flächennormale, wirbelhafte Felder, bei denen rot $\mathfrak{A}$ nicht Null ist, also $\mathfrak{A}$ nicht die Gestalt grad φ besitzt. Da beim Gradientenfeld rot grad $\varphi = 0$ ist, so ist das Linienintegral $\int \mathfrak{A}\, d\mathfrak{r}$ für $\mathfrak{A} = $ grad φ auch vom Wege unabhängig. Diese Wegunabhängigkeit steht in engem Zusammenhang mit dem mathematischen Begriff des vollständigen Differentials. Nun spielen bei allen Vorgängen der Energieübertragung und Energieumformung zwei die Energiegröße als Produkt ausdrückende Faktoren eine wichtige Rolle, der *intensive* und der *extensive* Faktor. Während der intensive Faktor die charakteristische Eigentümlichkeit eines Stoffes in einem gegebenen Zustand, z. B. Druck, Temperatur, Spannung usw. kennzeichnet, ist der extensive Faktor eine Mengengröße, wie z. B. das Volumen, die Masse, eine Weglänge, eine Stromstärke usw. Die mathematische Formulierung von Aufgaben über Energie gelangt somit zu Funktionen mit zwei Veränderlichen von der Form:

$$dz = P\,dx + Q\,dy\,. \tag{6}$$

Betrachtet man, um die Beziehungen zwischen vollständigem bzw. unvollständigem Differential und Wegabhängigkeit klar zu erkennen, die Funktion $z = p \cdot v$ mit den beiden Veränderlichen p und v, so erhält man

$$dz = p\,dv + v\,dp = d(p\,v)\,. \tag{7}$$

Wenn die beiden Glieder $p\,dv$ und $v\,dp$ zugleich auftreten, ist dz ein vollständiges Differential. Ist jedoch nur eines der Glieder vorhanden, etwa $p\,dv$, so ist dz ein unvollständiges Differential. Bei dem vollständigen Differential ist das Linienintegral auf jeder geschlossenen Kurve:

$$\int_K dz = \int_{z_1}^{z_2} d(p\,v) = (p\,v)_{2=1} - (p\,v)_1 = 0\,. \tag{8}$$

Hierbei ist es gleichgültig, wie im übrigen der Kurvenweg K aussehen mag, da ja die Anfangs- und Endwerte $(p\,v)$ identisch gleich sind und deshalb $\int dz$ zu Null wird. Der Anfangszustand $z_1 = (p\,v)_1$ ist gleich dem Endzustand $z_2 = (p\,v)_2$. Diese Tatsache wird nun ganz allgemein vektoranalytisch durch Gl. (5)

$$\text{rot grad } \varphi = 0$$

zum Ausdruck gebracht. Tritt jedoch $p\,dv$ in Gl. (7) allein auf, so wird dz zum unvollständigen Differential:

$$dz = p\,dv\,. \tag{9}$$

Das Linienintegral $\int dz$ kann in diesem Fall nicht so einfach wie bei dem vollständigen Differential angeschrieben werden. Hier muß erst eine *Vorschrift* für die gegenseitige Abhängigkeit der beiden Veränderlichen p und v von einander gegeben werden, also eine Funktion $p = f(v)$ bzw. $v = f(p)$. Diese Vorschrift gibt an, wie sich im Verlaufe des Vorgangs einer Energieübertragung p in Abhängigkeit von v bzw. v in Abhängigkeit von p ändern soll. Jeder Vorschrift aber entspricht ein ganz bestimmter Weg. Das heißt mit anderen Worten: Beim unvollständigen Differential wird das Linienintegral wegabhängig und ist nicht mehr Null. Dies besagt ferner, daß nach dem STOKESschen Satz Gl. (4) der rot $\mathfrak{A}$ von Null verschieden sein muß. Da in der Praxis alle periodisch arbeitenden Maschinen und Leistung übertragenden Apparate bezüglich ihrer energetischen Leistung voneinander verschiedene Wirkungsgrade besitzen können, also von der Konstruktion und deshalb vom Weg und von der Übertragungsfläche abhängig sind, so muß bei energieübertragenden Maschinen und Apparaten ein von Null verschiedener rot $\mathfrak{A} \neq 0$ vorhanden sein. Das heißt: Das Wirkungsfeld ist wirbelhaft und kann kein Gradientenfeld allein sein. Als Feld mit einem rot $\mathfrak{A}$ könnte es entweder ein flächennormales, wirbelhaftes oder ein nicht flächennormales, wirbelhaftes sein. Zunächst soll in aller Kürze die für ein flächennormales, wirbelhaftes Feld notwendige und hinreichende Bedingung abgeleitet werden. Hieran sollen sich dann einige für den vorliegenden Zweck erforderliche Betrachtungen über das nicht flächennormale Feld anschließen. Bei dem flächennormalen Feld mit rot $\mathfrak{A} \neq 0$ sind ebenso wie beim Gradientenfeld Niveauflächen vorhanden, die zu den Feldlinien $\mathfrak{A}$ senkrecht stehen. Auf jeder dieser Flächen besitzt die Ortsfunktion $\varphi(\mathfrak{r})$ einen konstanten Wert, und der Feldvektor $\mathfrak{A}$ wird durch

$$\mathfrak{A} = \lambda \operatorname{grad} \varphi = \lambda \, \nabla \varphi \qquad (10)$$

dargestellt. λ ist hierbei eine *beliebige* Ortsfunktion und verändert sich auf einer φ-Fläche. Bildet man den rot $\mathfrak{A}$, so wird:

$$\operatorname{rot} \mathfrak{A} = \operatorname{rot} (\lambda \operatorname{grad} \varphi) .$$

Nach den Regeln der Vektoranalysis (s. etwa J. SPIELREIN [6]), ist nun:

$$\operatorname{rot} (\lambda \operatorname{grad} \varphi) = \lambda \operatorname{rot} \operatorname{grad} \varphi + [\operatorname{grad} \lambda \operatorname{grad} \varphi] . \qquad (11)$$

Da nach Gl. (5)

$$\operatorname{rot} \operatorname{grad} \varphi = 0$$

ist, so wird:

$$\operatorname{rot} \mathfrak{A} = \operatorname{rot} (\lambda \operatorname{grad} \varphi) = [\operatorname{grad} \lambda \operatorname{grad} \varphi] . \qquad (12)$$

Setzt man in Gl. (12) statt

$$\operatorname{grad} \varphi = \frac{\mathfrak{A}}{\lambda}$$

gemäß Gl. (10) ein, so wird auch

$$\operatorname{rot} (\lambda \operatorname{grad} \varphi) = \operatorname{rot} \mathfrak{A} = \left[\frac{\operatorname{grad} \lambda}{\lambda} \cdot \mathfrak{A} \right] .$$

Da nun aber:

$$\frac{\operatorname{grad} \lambda}{\lambda} = \operatorname{grad} \ln \lambda$$

ist, so wird:

$$\operatorname{rot} \mathfrak{A} = \operatorname{rot} (\lambda \operatorname{grad} \varphi) = [\operatorname{grad} \ln \lambda \cdot \mathfrak{A}] .$$

Multipliziert man rot $\mathfrak{A}$ auf innere Art mit $\mathfrak{A}$, so erhält man aus dieser Gleichung

$$\mathfrak{A} \operatorname{rot} \mathfrak{A} = \mathfrak{A} [\operatorname{grad} \ln \lambda \, \mathfrak{A}] = \operatorname{grad} \ln \lambda [\mathfrak{A} \, \mathfrak{A}] = 0 . \qquad (13)$$

In Worten heißt dieser wichtige Satz: In einem flächennormalen, wirbelhaften Feld steht der Feldvektor $\mathfrak{A}$ senkrecht zu seinem rot $\mathfrak{A}$. Da es sich hier mehr um die physikalische Erkenntnis und ihre Anwendung auf die technischen Apparate handelt, soll hier nicht bewiesen werden, daß die in Gl. (13) formulierte Bedingung für ein flächennormales, wirbelhaftes Feld nicht nur notwendig, sondern auch hinreichend ist. Der Leser möge den Beweis in einem Lehrbuch der Vektorenrechnung (etwa in J. SPIELREIN: Lehrbuch der Vektorenrechnung [6]) nachlesen. Da ein solches wirbelhaftes Feld in Lamellen eingeteilt werden kann, nennt man es auch komplex-lamellar. Überdies ist in Gl. (13) auch die Bedingung für das Gradientenfeld mit enthalten, wenn man nämlich rot $\mathfrak{A} = 0$ setzt. Nach Gl. (12) ist rot $\mathfrak{A}$ nichts anderes als das äußere Produkt von grad λ und grad φ und steht senkrecht auf dem durch die beiden Gradienten dargestellten Parallelogramm. Ein jedes solcher unendlich kleinen Parallelogramme an irgendeiner Stelle des Raumes wird nach Lage (Normalenrichtung), Inhalt und Umlaufssinn durch den Vektor rot $\mathfrak{A}$ dargestellt. Irgendeine beliebige Energieübertragungsfläche, wie beispielsweise die Schaufelflächen von Francis-Wasserturbinen, schneidet die beiden Scharen Niveauflächen in Scharen von Niveaulinien der unabhängigen Veränderlichen λ und φ. In einem Schnittpunkt von zwei Äquipotentialkurven der λ und φ auf dieser Fläche steht der rot $\mathfrak{A}$ senkrecht zu diesem aus grad λ und grad φ gebildeten Parallelogramm. [grad λ grad φ] stellt nach dem STOKESschen Satz, Gl. (4), den Richtwert des Linienintegrals an dieser Stelle dar und ist somit ein Maß für die Wirbelrichtung auf dieser Fläche. Die rechnerische Größe des Linienintegrals wird durch den Betrag der Fläche $\int df$ dargestellt. Das heißt aber, daß die gesamte Energieübertragungsfläche, bedeckt mit einem Netz von λ- und φ-Kurven, zugleich eine Wirbelfläche ist. Die Möglichkeit dieser Darstellung ist, wie man jetzt erkennt, dadurch erst gewährleistet, daß der Wirbel aus zwei Veränderlichen, der *Intensivgröße* λ und der *Extensivgröße* φ, besteht. Ist die Intensivgröße λ, ein Skalar, konstant, so wird grad $\lambda = 0$ und gemäß Gl. (11) rot (λ grad φ) = rot grad ($\lambda\varphi$) = 0 und damit das Feld wirbelfrei, zum Gradientenfeld. Es leuchtet auch ein, daß sich zwei Kurven der gleichen Art, also zwei λ-Linien oder zwei φ-Linien, nicht schneiden können, weil die Bedeutung des Schnittpunktes zweier Kurven ja gerade in der Gleichheit ihrer Funktionswerte an dieser Stelle liegt und im Widerspruch hierzu die Kurven ein und derselben Art doch voraussetzungsgemäß verschiedene Werte besitzen sollten. Von einer Orthogonalfläche zur anderen im Raum oder von einer Orthogonalkurve zur anderen auf der Energieübertragungsfläche kann man also in diesem flächennormalen Feld, genau wie im Gradientenfeld, nur durch einen Sprung, durch ein *Gefälle*, gelangen. Es ist nicht möglich, etwa von einer φ-Kurve über einen Schnittpunkt zu einer Nachbar-φ-Kurve zu gelangen. CARATHEODORY [3] drückt diese Erkenntnis, auf die Thermodynamik angewandt, in seiner bekannten, bereits oben erwähnten Formulierung des zweiten Hauptsatzes mit den Worten aus: „In beliebiger Nähe jedes Zustandes gibt es Nachbarzustände, die durch adiabatische Vorgänge von dem ersten Zustand aus nicht erreichbar sind.‟

Unter „adiabatischen Vorgängen" sind in der hier benutzten vektor-analytischen Sprache „Veränderungen entlang einer φ-Kurve oder auf einer φ-Fläche" zu verstehen.

Diese Betrachtungen gelten für das *flächennormale*, wirbelhafte Feld, das durch die Bedingung (13)

$$\mathfrak{A} \, \mathrm{rot} \, \mathfrak{A} = 0$$

gekennzeichnet ist. Es muß nun noch untersucht werden, ob nicht vielleicht das wirbelhafte Feld für die Energieübertragung auch ein *nicht flächennormales* sein oder wenigstens in manchen Fällen sein könnte. In einem nicht flächennormalen Feld hat der Rotor rot $\mathfrak{A}$ eine zum Feldvektor $\mathfrak{A}$ parallele Komponente, so daß $\mathfrak{A} \, \mathrm{rot} \, \mathfrak{A} = 0$ wird. Es gibt solche Felder, und man kann schnell zu einem nicht flächennormalen Feld durch folgende einfache Überlegung gelangen. Addiert man nämlich zu einem wirbelhaften Vektor $\mathfrak{A}$ eines flächennormalen Feldes einen wirbelfreien Vektor grad ψ, so erhält man das Feld eines neuen Vektors:

$$\mathfrak{A}_1 = \mathfrak{A} + \mathrm{grad} \, \psi \,. \tag{14}$$

Bildet man den Rotor von $\mathfrak{A}_1$, so erhält man:

$$\mathrm{rot} \, \mathfrak{A}_1 = \mathrm{rot} \, (\mathfrak{A} + \mathrm{grad} \, \psi)$$

$$\mathrm{rot} \, \mathfrak{A}_1 = \mathrm{rot} \, \mathfrak{A} + \mathrm{rot} \, \mathrm{grad} \, \psi$$

und da nach Gl. (5)

$$\mathrm{rot} \, \mathrm{grad} \, \psi = 0$$

ist, so wird

$$\mathrm{rot} \, \mathfrak{A}_1 = \mathrm{rot} \, \mathfrak{A}$$

und

$$\mathfrak{A}_1 \, \mathrm{rot} \, \mathfrak{A}_1 = (\mathfrak{A} + \mathrm{grad} \, \psi) \cdot \mathrm{rot} \, \mathfrak{A} = \mathfrak{A} \, \mathrm{rot} \, \mathfrak{A} + \mathrm{grad} \, \psi \, \mathrm{rot} \, \mathfrak{A} \,.$$

Somit wird also

$$\mathfrak{A}_1 \, \mathrm{rot} \, \mathfrak{A}_1 = \mathrm{grad} \, \psi \, \mathrm{rot} \, \mathfrak{A} \neq 0 \,. \tag{15}$$

An einem einfachen Beispiel der Mechanik kann dies gezeigt werden (Beispiel stammt aus Lehrbuch der Vektorrechnung von J. Spielrein [6]): Die Punkte eines sich mit konstanter Winkelgeschwindigkeit ω um seine Achse drehenden Kreiszylinders gehören einem Vektorfeld an, dessen Vektor $\mathfrak{A}$ gegeben ist durch:

$$\mathfrak{A} = \omega \, [\mathfrak{c} \, \mathfrak{r}] \tag{16}$$

$\mathfrak{c}$ bedeutet hierin den in der Achsenrichtung verlaufenden Einheitsvektor ($\mathfrak{c}^2 = 1$). rot $\mathfrak{A}$ ist, wie aus dem Stokesschen Satz, Gl. (4), hervorgeht,

$$\mathrm{rot} \, \mathfrak{A} = \omega \, \mathrm{rot} \, [\mathfrak{c} \, \mathfrak{r}] = \omega \cdot 2 \, \mathfrak{c} \,. \tag{17}$$

Somit wird:

$$\mathfrak{A} \, \mathrm{rot} \, \mathfrak{A} = \omega \, [\mathfrak{c} \, \mathfrak{r}] \cdot \omega \, 2 \, \mathfrak{c} = \omega^2 \, 2 \, \mathfrak{c} \, [\mathfrak{c} \, \mathfrak{r}]$$

oder

$$\mathfrak{A} \operatorname{rot} \mathfrak{A} = \omega^2 \, 2 \, \mathfrak{r} \, [\mathfrak{c} \, \mathfrak{c}] = 0 \, .$$

Das heißt: Das Feld des Vektors $\mathfrak{A}$ ist ein flächennormales, wirbelhaftes. Auch hier kann rot $\mathfrak{A}$ gemäß Gl. (12) dargestellt werden als

$$\operatorname{rot} \mathfrak{A} = [\operatorname{grad} \lambda \, \operatorname{grad} \varphi] = \omega \, 2 \cdot \mathfrak{c} \, .$$

Die λ-Flächen werden hier dargestellt durch Kreiszylinder mit der Richtung der Winkelgeschwindigkeit $\mathfrak{c}$ als Drehachse, die φ-Flächen sind Ebenen durch die Drehachse. Es ist also:

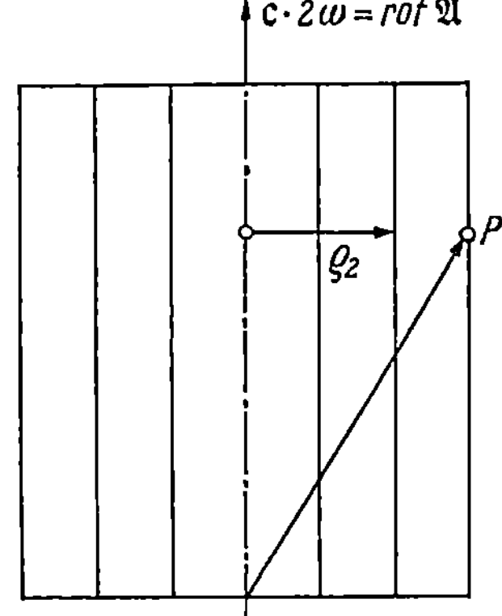

$$\lambda = \varrho^2 \, \omega = \varrho \, (\varrho \, \omega)$$
$$= \varrho \cdot v = [\mathfrak{c} \, \mathfrak{r}]^2 \, \omega$$

$$\varphi = \psi = \text{Drehwinkel}$$

$$\operatorname{grad} \lambda = \varrho_0 \cdot 2 \, \varrho \, \omega$$

$$\operatorname{grad} \varphi = \mathfrak{t}_0 \cdot \frac{1}{\varrho} = \frac{[\mathfrak{c} \, \mathfrak{r}]}{[\mathfrak{c} \, \mathfrak{r}]^2}$$

$$\varphi = \text{Azimutwinkel}$$

$$[\operatorname{grad} \lambda \, \operatorname{grad} \varphi] = \left[\varrho_0 \cdot 2 \, \varrho \, \omega \cdot \mathfrak{t}_0 \cdot \frac{1}{\varrho} \right]$$
$$= [\varrho_0 \, \mathfrak{t}_0] \cdot 2 \, \omega = \mathfrak{c} \, 2 \, \omega \, .$$

In diesen Gleichungen bedeuten ϱ den Radius der Schnittkurve senkrecht zur Drehachse, ϱ_0 ist radialer Einheitsvektor, $\mathfrak{t}_0$ tangentialer Einheitsvektor. Der Vektor $\mathfrak{A}$ ist

$$\mathfrak{A} = \lambda \, \operatorname{grad} \varphi = [\mathfrak{c} \, \mathfrak{r}]^2 \, \omega \cdot \frac{[\mathfrak{c} \, \mathfrak{r}]}{[\mathfrak{c} \, \mathfrak{r}]^2} = \omega \, [\mathfrak{c} \, \mathfrak{r}] \, .$$

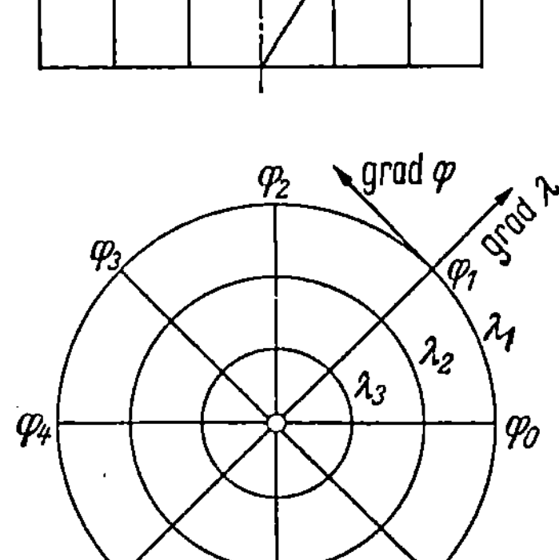

Abb. 1. Der sich drehende starre Körper
(Äquipotentialflächen λ und φ)

Auf Abb. 1 sind die λ-Flächen als koaxiale Zylinder und die φ-Flächen als Ebenen durch die Drehachse gezeichnet. Die normalen Flächen des Feldvektors $\mathfrak{A} = \omega \, [\mathfrak{c} \, \mathfrak{r}]$ sind also hier die Meridianebenen des Ebenenbüschels mit der Drehachse als Büschelträger. Wird nun der starre Zylinderkörper wie ein Geschoß (Infantriegeschoß, Granate) parallel zur Drehachse mit der Geschwindigkeit $\mathfrak{c} \cdot w = \operatorname{grad} \psi$ verschoben (Geschoßgeschwindigkeit), so wird

$$\mathfrak{A}_1 = \omega \, [\mathfrak{c} \, \mathfrak{r}] + w \cdot \mathfrak{c} = \lambda \, \operatorname{grad} \varphi + \operatorname{grad} \psi \, .$$

Hiermit wird dann gemäß Gl. (15):

$$\mathfrak{A}_1 \operatorname{rot} \mathfrak{A}_1 = w \, \mathfrak{c} \cdot \omega \, 2 \, \mathfrak{c} = 2 \, \omega \, w \neq 0 \, .$$

Das Feld des Vektors $\mathfrak{A}_1$ ist also nicht flächennormal. Die Bahnlinien der Elemente des starren Körpers sind Schraubenlinien mit konstanter Ganghöhe. Es ist nicht möglich, Flächen zu konstruieren, die die Feldlinien des Vektors $\mathfrak{A}_1$ in allen Punkten senkrecht schneiden. Man kann rein geometrisch ein anschauliches Bild gewinnen durch Vergleich des Beispiels des flächennormalen Feldes $\mathfrak{A}$, des starren rotierenden Körpers *ohne* Vorschubgeschwindigkeit w der Achse, mit dem Beispiel des nicht flächennormalen Feldes $\mathfrak{A}_1$, des starren rotierenden Körpers *mit* Vorschubgeschwindigkeit w. Im Falle des Feldes $\mathfrak{A}$ steht der Feldvektor $\mathfrak{A}$, d. h. die Tangentialgeschwindigkeit $v = r\,\omega$ irgendeines Massenpunktes des Körpers senkrecht zum Radius und zur Mantellinie des durch den Punkt gehenden Kreiszylindermantels und somit senkrecht zu der durch Radius und Mantellinie bestimmten Meridianebene (φ-Ebene in Abb. 1). Diese Ebenen sind die zu den Vektoren $\mathfrak{A}$ normalen Flächen. Wird aber die Achse des rotierenden Körpers außerdem mit der Vorschubgeschwindigkeit w bewegt, so beschreiben die Massenpunkte Schraubenlinien mit der Steigung

$$\operatorname{tg} a = \frac{w}{r\,\omega} = \frac{w}{r \cdot \dfrac{2\,\pi}{T}} = \frac{w\,T}{2\,r\,\pi} = \frac{h}{2\,r\,\pi}\,.$$

T bedeutet hierbei die Umlaufzeit bei einer vollen Umdrehung und h die Ganghöhe der Schraube. Da der Radius des Zylindermantels, auf dem die Schraubenlinie vom Massenpunkt erzeugt wird, senkrecht zur Schraubenlinie steht, so ist zwar ebenfalls der Vektor $\mathfrak{A}_0$ senkrecht zum Radius, er steht aber als Geschwindigkeit in Richtung der Schraubenlinie nicht mehr senkrecht zur Mantellinie des Kreiszylinders, sondern bildet mit der Mantellinie den Winkel $(\pi/2 \pm \alpha)$. $\mathfrak{A}_1$ steht demnach nicht mehr senkrecht zur Meridianebene. Man kann allerdings zu jeder Schraubenlinie, die ein jeder Punkt beschreibt, an einer beliebigen Stelle der Kurve durch den zugehörigen Radius und durch die Normale der Kurve eine Ebene legen, die senkrecht zum Vektor $\mathfrak{A}_1$ steht. Jeder Punkt eines Radius aber hat eine andere Normalebene zur Schraubenlinie, weil die Neigungen der Schraubenlinien $\operatorname{tg} \alpha = w/r\,\omega$ für die einzelnen Punkte eines Radius mit kleiner werdendem r zunehmen. Hieraus ergibt sich schon durch die Anschauung, daß die Vektoren $\mathfrak{A}_1$ nicht normal zu einer einzigen Fläche stehen können. In beiden Feldern kann man durch jeden Punkt unendlich viele Orthogonalkurven führen, d. h. solche Kurven, die alle angetroffenen Vektorlinien senkrecht schneiden. Im flächennormalen Feld $\mathfrak{A}$ jedoch liegen alle durch einen beliebigen Punkt gehenden Orthogonalkurven auf der durch diesen Punkt gehenden Orthogonalfläche, die hier Meridianebene ist. Im nicht flächennormalen Feld $\mathfrak{A}_1$ liegen die durch einen beliebigen Punkt gehenden Orthogonalkurven nicht mehr in einer Fläche, sondern sie *können einen beliebigen Raum-*

punkt im Felde erreichen. In einem nicht flächennormalen Temperaturfeld könnte man also beispielsweise zu beliebigen Temperaturen *ohne Temperaturgefälle* gelangen. Ganz allgemein könnte man, um wieder auf die physikalische Benutzung zu kommen, *ohne Gefälle* des intensiven Faktors des Energieproduktes Leistungen vollbringen. Dies widerspricht aber den Erfahrungssätzen unserer Naturwissenschaft, insbesondere dem zweiten Hauptsatz der Thermodynamik, nach dem Wärmeströme von selbst nur durch Temperaturgefälle fließen können. Aus diesem Grunde können bei allen Energieübertragungen unserer periodisch arbeitenden Maschinen und unserer Wärmeapparate nur flächennormale Felder mit der Bedingung $\mathfrak{A}$ rot $\mathfrak{A} = 0$ in Frage kommen.

II. Der Stokessche Satz und das flächennormale Feld

Setzt man in die Gl. (4) des Stokesschen Satzes für den Vektor $\mathfrak{A}$ den Vektor λ grad φ des flächennormalen Feldes und gemäß Gl. (12) rot $\mathfrak{A} = [\text{grad } \lambda \text{ grad } \varphi]$ ein, so erhält man:

$$\oint_K \lambda \text{ grad } \varphi \, d\mathfrak{r} = \int_F df \, \mathfrak{n} \, [\text{grad } \lambda \text{ grad } \varphi] \, .$$

Hierin kann noch für grad $\varphi \, d\mathfrak{r}$ geschrieben werden:

$$\text{grad } \varphi \, d\mathfrak{r} = \left(\mathfrak{i}_0 \frac{\partial \varphi}{\partial x} + \mathfrak{j}_0 \frac{\partial \varphi}{\partial y} + \mathfrak{k}_0 \frac{\partial \varphi}{\partial z} \right) (\mathfrak{i}_0 \, dx + \mathfrak{j}_0 \, dy + \mathfrak{k}_0 \, dz)$$

$$\text{grad } \varphi \, d\mathfrak{r} = \frac{\partial \varphi}{\partial x} \cdot dx + \frac{\partial \varphi}{\partial y} \cdot dy + \frac{\partial \varphi}{\partial z} \cdot dz = d\varphi = \text{vollständiges}$$
$$\text{Differential.}$$

Somit lautet der Stokessche Satz für das flächennormale Feld:

$$\oint_K \lambda \, d\varphi = \int_F df \, \mathfrak{n} \, [\text{grad } \lambda \text{ grad } \varphi] \, . \tag{18}$$

Der Wert $\lambda \, d\varphi$ hat nun eine ganz besondere Bedeutung bei den Energieprozessen: Er stellt die Elementarenergie dar mit λ als *intensivem, treibendem* Faktor und $d\varphi$ als totalem Differential der *Extensivgröße* im Energieprodukt. Der *extensive* Faktor stellt sich als Differenzgröße zweier Werte φ dar. Bei den mechanischen Energieumsetzungen kann λ die Bedeutung eines Drehmomentes und φ die eines Drehwinkels haben. Bei Wasserkraftmaschinen kann das Produkt $\lambda \, d\varphi$ auch als $H \, dQ$ mit H als Gefällehöhe und Q als Wassermenge gedeutet werden. In der Thermodynamik ist λ gleichbedeutend mit der absoluten Temperatur T und φ mit der Entropie, so daß $\lambda \, d\varphi = T \, dS$ eine Elementarwärmemenge wird.

Der Vektor $\mathfrak{A} = \lambda$ grad φ des flächennormalen Feldes ist bei den vorliegenden Ausführungen über die Wirbelfläche als Energieübertragungsfläche stets eine Funktion von zwei unabhängigen Veränderlichen λ, φ oder auch x, y. In der Thermodynamik ist beispielsweise $\lambda = T$ und

$\varphi = S$ im Mollierschen Wärme-T-S-Diagramm oder $x = V$ und $y = P$ im Carnotschen Arbeits-P-V-Diagramm.

Anhand von Abb. 2 soll der Zusammenhang zwischen dem x-y-Schaubild und dem λ-φ-Schaubild gezeigt werden. Nach dem Stokesschen Satz muß das Randintegral $\oint_K \mathfrak{A}\, d\mathfrak{r}$ entlang den Kurven 1—2—3—4 sowohl im x-y-Schaubild als auch im λ-φ-Schaubild, abgesehen von einem

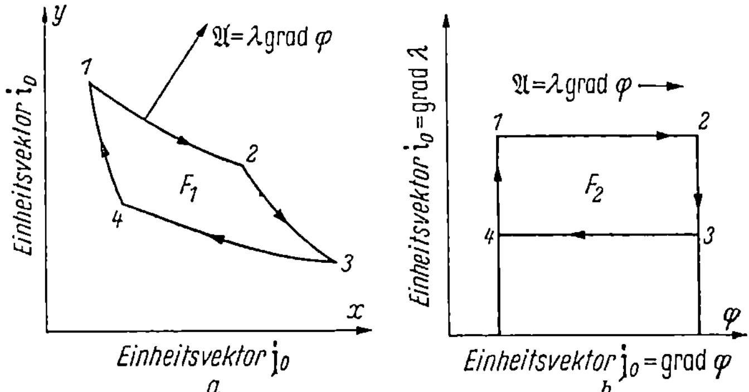

Abb. 2a u. b. Die beiden Darstellungen im $x \div y$ und $\lambda \div \varphi$-Diagramm
a) Einheitsvektor j_0; — b) Einheitsvektor $j_0 = \mathrm{grad}\,\varphi$

Umrechnungsfaktor wie etwa A $= 1/427$ in der Thermodynamik, das gleiche sein. Das heißt also: Die von den Kurven umrandeten Flächen 1—2—3—4 in Abb. 2a und 2b sind inhaltsgleich $F_2 = F_1 \cdot A$. Ferner müssen auch gemäß Gl. (18) nach dem Stokesschen Satz für das flächennormale Feld die Flächenintegrale

$$\int_F df\, \mathfrak{n}\ [\mathrm{grad}\,\lambda\ \mathrm{grad}\,\varphi]$$

für beide Diagramme gleich F [grad λ grad φ] sein. Da nun der Inhalt der Flächen F_2 und $F_1 = F_2/A$ den Betrag der Energiegröße darstellt, so kann naturgemäß [grad λ grad φ] nichts anderes als ein Einheitsvektor sein, der die positive oder negative Drehrichtung beim Umfahren der Randkurve angibt. Somit kennzeichnet die Richtung des Einheitsvektors [grad λ grad φ] die Zuführung oder Abgabe einer Energiemenge, einen rechtsdrehenden oder linksdrehenden Vorgang der Energieübertragung. Ich ordne hier, wie es in Deutschland allgemein üblich ist, einem beliebig gewählten Drehungssinn nach einer Rechtsschraube einen bestimmten Fortschreitungssinn zu. Betrachtet man beispielsweise Abb. 2a als P-V-Diagramm und Abb. 2b als T-S-Diagramm, so wird der durch Pfeile dargestellte rechtsdrehende Kreisprozeß 1—2—3—4 der Dampfmaschine mittels eines auf der P-V-Ebene bzw. T-S-Ebene senkrecht stehenden, von vorn nach hinten weisenden Vektors darge

stellt. Der mit Pfeilen entgegengesetzter Richtung verlaufende Kreisprozeß 4—3—2—1 der Kältemaschine wird durch einen auf der P-V-
Ebene bzw. T-S-Ebene senkrecht stehenden, von hinten nach vorn
weisenden Vektor dargestellt. Aus der Darstellung im λ-φ-Diagramm
geht auch rein rechnerisch hervor, daß wegen

$$\operatorname{grad} \lambda = \mathfrak{i}_0 \frac{\partial \lambda}{\partial \lambda} + \mathfrak{j}_0 \frac{\partial \lambda}{\partial \varphi} = \mathfrak{i}_0 \qquad \left(\frac{\partial \lambda}{\partial \varphi} = 0\right)$$

und

$$\operatorname{grad} \varphi = \mathfrak{i}_0 \frac{\partial \varphi}{\partial \lambda} + \mathfrak{j}_0 \frac{\partial \varphi}{\partial \varphi} = \mathfrak{j}_0 \qquad \left(\frac{\partial \varphi}{\partial \lambda} = 0\right).$$

$$\operatorname{rot} \mathfrak{A} = [\operatorname{grad} \lambda \ \operatorname{grad} \varphi] = [\mathfrak{i}_0 \ \mathfrak{j}_0] = + \ \mathfrak{k}_0,$$

für den Dampfmaschinenprozeß und

$$\operatorname{rot} \mathfrak{A} = [\operatorname{grad} \varphi \ \operatorname{grad} \lambda] = [\mathfrak{j}_0 \ \mathfrak{i}_0] = - \ \mathfrak{k}_0$$

für den Kältemaschinenprozeß wird.

Für das rechtsgängige Achsenkreuz mit $\mathfrak{i}_0$ als Einheitsvektor in Ordi-
natenrichtung, $\mathfrak{j}_0$ als Einheitsvektor in Abszeissenrichtung und $\mathfrak{k}_0$ als Einheitsvektor senkrecht zur $\mathfrak{i}_0$ — $\mathfrak{j}_0$-Ebene ist

$$\mathfrak{i}_0 \ \mathfrak{j}_0 \ \mathfrak{k}_0 = 1$$

und

$$[\mathfrak{i}_0 \ \mathfrak{j}_0] = \mathfrak{k}_0, \quad [\mathfrak{j}_0 \ \mathfrak{k}_0] = \mathfrak{i}_0, \quad [\mathfrak{k}_0 \ \mathfrak{i}_0] = \mathfrak{j}_0. \tag{19}$$

III. Beispiele des wirbelhaften, flächennormalen Feldes aus der Verfahrenstechnik

1. Zylinderkoordinaten

Da im folgenden auch Beispiele des wirbelhaften, flächennormalen Feldes für rotierende Maschinen und Rotations-Wärmeaustauschflächen gebracht werden sollen, ist es zur Vereinfachung der Betrachtungen zweckmäßig, die Rechnungen mittels eines auf die Drehachse bezogenen Zylinderkoordinatensystems durchzuführen. Als Grundlage möge die Erklärungsskizze Abb. 3 dienen. Hiernach sind die Einheitsvektoren für die 3 Bezugsrichtungen:

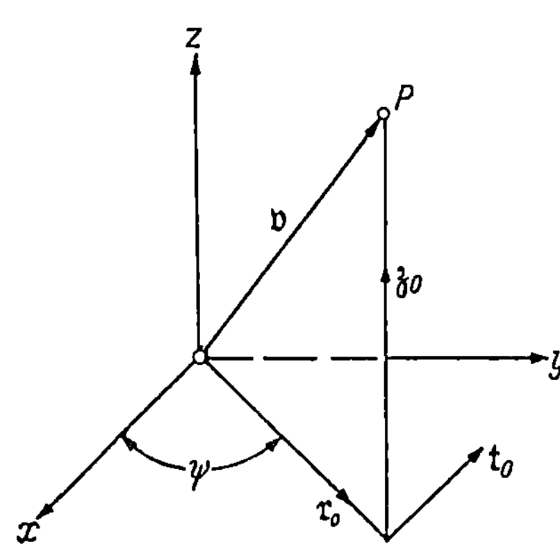

Abb. 3. Erklärungsskizze für Zylinder-Koordinaten

$\mathfrak{r}_0$ (radiale Richtung, von innen nach außen weisend positiv),
$\mathfrak{t}_0$ (tangentiale Richtung, positiv im Uhrzeigersinn, wenn man in die positive Z-
    Achse schaut),
$\mathfrak{z}_0$ (positiv in Richtung der Z-Achse auf den Beschauer zu).

Mit diesen Vereinbarungen stellen sich dar:

$$\operatorname{grad} \varphi = \frac{\partial \varphi}{\partial r} \cdot \mathfrak{r}_0 + \frac{1}{r} \cdot \frac{\partial \varphi}{\partial \psi} \cdot \mathfrak{t}_0 + \frac{\partial \varphi}{\partial z} \cdot \mathfrak{z}_0 \tag{20}$$

und

$$\operatorname{rot} \mathfrak{A} = \frac{1}{r} \begin{vmatrix} \mathfrak{r}_0 & r\,\mathfrak{t}_0 & \mathfrak{z}_0 \\ \dfrac{\partial}{\partial r} & \dfrac{\partial}{\partial \psi} & \dfrac{\partial}{\partial z} \\ A_r & r\,A_t & A_z \end{vmatrix} \tag{21}$$

Für die 3 Komponenten von rot $\mathfrak{A}$ erhält man aus Gl. (21)

$$\left. \begin{aligned} (\operatorname{rot} \mathfrak{A})\,\mathfrak{r}_0 &= \frac{\partial A_z}{r\,\partial \psi} - \frac{\partial A_t}{\partial z} \\[2mm] (\operatorname{rot} \mathfrak{A})\,\mathfrak{t}_0 &= \frac{\partial A_r}{\partial z} - \frac{\partial A_z}{\partial r} \\[2mm] (\operatorname{rot} \mathfrak{A})\,\mathfrak{z}_0 &= \frac{1}{r}\left\{ \frac{\partial (r\,A_t)}{\partial r} - \frac{\partial A_r}{\partial \psi} \right\} \end{aligned} \right\} \tag{22}$$

2. Mechanische Beispiele

a) Arbeitsleistung einer am Umfang eines Kreises wirkenden Tangentialkraft $\mathfrak{T} = \mathfrak{t}_0\,T_t$

Als erstes einfaches Beispiel möge die Arbeitsleistung einer entlang einem Kreisumfang wirkenden Tangentialkraft $\mathfrak{T} = \mathfrak{t}_0\,T_t$ betrachtet werden. Nach den vorausgegangenen allgemeinen Erörterungen kann hier in die Gleichung des STOKESschen Satzes für die Elementarenergie $\lambda\,d\varphi$ eingesetzt werden:

für $\lambda = M_d =$ Drehmoment in mkg,
für $\varphi = \psi =$ Drehwinkel im Bogenmaß.

Alsdann wird:

$$dA = \lambda\,d\varphi = M_d \cdot d\varphi \,. \tag{23}$$

Der Parameter λ ist:

$$\lambda = M_d = T_t \cdot r \,. \tag{24}$$

Um die Gradienten gräd λ und grad φ einzeln und ihr äußeres Produkt (rot $\mathfrak{A}$) $\mathfrak{z}_0$ gemäß Gl. (22) zu finden, hat man zu beachten, daß im vorliegenden Fall der Vektor $A_t = T_t$ (Tangentialkraft) ist und der Vektor $A_r = T_r$ eine radial gerichtete Komponente darstellt. Nun bleibt zwar die Tangentialkraft T_t dem *Betrage* nach konstant, nicht aber der *Richtung* nach.

Wie Abb. 4 zeigt, geht nämlich T_t bei der Linksdrehung um $d\psi$ aus der Lage a in die Lage b über durch Hinzufügen der radial nach innen

$(-\mathfrak{r}_0)$ gerichteten Elementarkraft $dT_r = -T_t\,d\psi$. Nach Gl. (22) ist nun mit $\mathfrak{A} = \mathfrak{T}$ als Vektor:

$$(\mathrm{rot}\ \mathfrak{T})\ _{\mathfrak{z}0} = \mathfrak{z}_0 \cdot \frac{1}{r}\left\{\frac{\partial(r\,T_t)}{\partial r} - \frac{\partial T_r}{\partial \psi}\right\}. \tag{25}$$

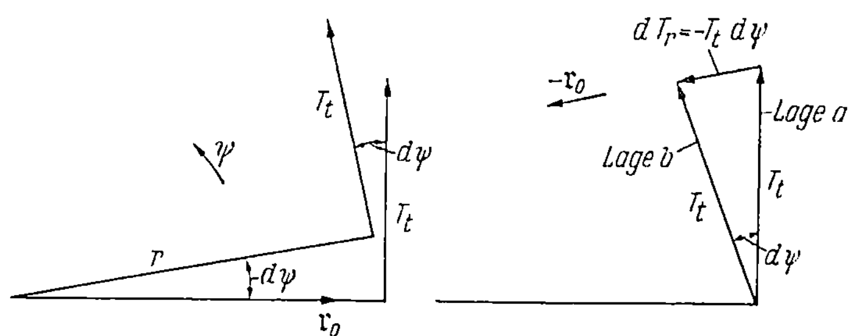

Abb. 4. Erklärungsskizze zu grad λ

$$\lambda = T \cdot r$$

$$\mathrm{grad}\ \lambda = \mathrm{grad}(T_t\,r) = \mathfrak{r}_0\left\{\frac{\partial(T_t\,r)}{\partial r} - \frac{\partial T_r}{\partial \psi}\right\}$$

$$\mathrm{grad}\ \lambda = \mathfrak{r}_0 \cdot 2\,T_t$$

Nach Abb. 3 ist ferner für Zylinderkoordinaten in einem Rechtssystem:

$$[\mathfrak{r}_0\ \mathfrak{t}_0] = \mathfrak{z}_0. \tag{26}$$

Setzt man dies in Gl. (25) ein, so erhält man:

$$(\mathrm{rot}\ \mathfrak{T})\ _{\mathfrak{z}0} = [\mathfrak{r}_0\ \mathfrak{t}_0] \cdot \frac{1}{r}\left\{\frac{\partial(r\,T_t)}{\partial r} - \frac{\partial T_r}{\partial \psi}\right\}.$$

Man kann dies auch noch schreiben

$$(\mathrm{rot}\ \mathfrak{T})\ _{\mathfrak{z}0} = \left[\mathfrak{r}_0\left\{\frac{\partial(r\,T_t)}{\partial r} - \frac{\partial T_r}{\partial \psi}\right\} \cdot \frac{\mathfrak{t}_0}{r}\right]. \tag{27}$$

Bei der vorliegenden Aufgabe ist nun $\varphi = \psi = $ Drehwinkel im Bogenmaß. Damit wird aber nach Gl. (20):

$$\mathrm{grad}\ \varphi = \mathfrak{t}_0\frac{\partial\varphi}{\partial\psi} \cdot \frac{1}{r} = \mathfrak{t}_0 \cdot \frac{1}{r}. \tag{28}$$

Hiernach wird Gl. (27):

$$(\mathrm{rot}\ \mathfrak{T})\ _{\mathfrak{z}0} = \left[\mathfrak{r}_0\left\{\frac{\partial(r\,T_t)}{\partial r} - \frac{\partial T_r}{\partial \psi}\right\} \cdot \mathrm{grad}\ \varphi\right]. \tag{29}$$

Da nach Gl. (12) der Rotor dargestellt werden kann als:

$$\mathrm{rot}\ \mathfrak{A} = [\mathrm{grad}\,\lambda\ \mathrm{grad}\ \varphi],$$

so muß in Gl. (29)

$$\mathrm{grad}\ \lambda = r_0\left\{\frac{\partial(r\,T_t)}{\partial r} - \frac{\partial T_r}{\partial \psi}\right\}.$$

sein. Ferner ist bei konstantem Betrag T_t:

$$\frac{\partial(r\,T_t)}{\partial r} = T_t$$

und gemäß Abb. 4

$$\frac{\partial T_t}{\partial \psi} = -\,T_t\,.$$

Somit wird:

$$\operatorname{grad} \lambda = \mathfrak{r}_0 \cdot 2\,T_t \tag{30}$$

und:

$$(\operatorname{rot} \mathfrak{T})\,{}_{\mathfrak{z}0} = [\operatorname{grad} \lambda\ \operatorname{grad} \varphi] = \left[\mathfrak{r}_0\, 2\,T_t \cdot \mathfrak{t}_0 \cdot \frac{1}{r}\right]$$

$$(\operatorname{rot} \mathfrak{T})\,{}_{\mathfrak{z}0} = [\mathfrak{r}_0\, \mathfrak{t}_0] \cdot 2\,\frac{T_t}{r} = \mathfrak{z}_0 \cdot \frac{2\,T_t}{r}\,. \tag{31}$$

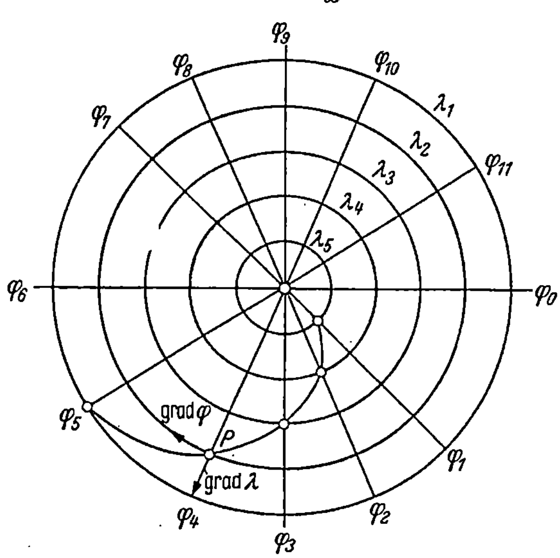

Abb. 5. Erklärungsskizze für λ- und φ-Potentiale Kreise um O: Konst. Drehmoment $\lambda = T_t \cdot r$
Gerade durch O: Konst. Drehwinkel φ
Normalfläche: Die durch $\mathfrak{T}$ und $\mathfrak{r}$ bestimmte Ebene

Daß $(\operatorname{rot} \mathfrak{T})\,{}_{\mathfrak{z}0}$ diese Größe hat, folgt auch ohne weiteres aus dem STOKES-schen Satz Gl. (4)

$$\oint_K \mathfrak{A}\,d\mathfrak{r} = \int_F df\,\mathfrak{n}\,\operatorname{rot} \mathfrak{A}\,.$$

Mit $\mathfrak{A} = \mathfrak{T} = \mathfrak{t}_0\,T_t$ und $\operatorname{rot} \mathfrak{A} = (\operatorname{rot} \mathfrak{T})\,{}_{\mathfrak{z}0} = \mathfrak{z}_0 \cdot \frac{2\,T_t}{r}$ wird für

$$\oint_K d\mathfrak{r} = 2\,r\,\pi\,\mathfrak{t}_0$$

und

$$\int\limits_{F} df = r^2 \pi$$

$$\mathfrak{t}_0 \, T_t \cdot \mathfrak{t}_0 \, 2 \, r \, \pi = \mathfrak{z}_0 \, r^2 \, \pi \, \mathfrak{z}_0 \cdot (\text{rot } \mathfrak{T}) \, \mathfrak{z}_0$$

$$(\text{rot } \mathfrak{T}) \, \mathfrak{z}_0 = \mathfrak{z}_0 \frac{2 \, r \, \pi \, T_t}{r^2 \, \pi} = \mathfrak{z}_0 \cdot \frac{2 \, T_t}{r} \, .$$

Man hat also folgendes Ergebnis erhalten:

$$\mathfrak{T} = \lambda \, \text{grad } \varphi = T_t \cdot r \cdot \frac{1}{r} \cdot \mathfrak{t}_0 = \mathfrak{t}_0 \, T_t \tag{32}$$

$$\mathfrak{r} = \mathfrak{r}_0 \cdot r \, ,$$

$$\frac{\mathfrak{T}}{\lambda} = \frac{\mathfrak{t}_0 \, T_t}{T_t \, r} = \mathfrak{t}_0 \cdot \frac{1}{r} = \text{grad } \varphi \, ,$$

$$\lambda = T_t \cdot r = \text{Drehmoment} \, ,$$

$$\varphi = \psi = \text{Drehwinkel} \, ,$$

$$\text{grad } \lambda = \mathfrak{r}_0 \cdot 2 \, T_t \, ,$$

$$\text{grad } \varphi = \mathfrak{t}_0 \cdot \frac{1}{r} \, ,$$

$$(\text{rot } \mathfrak{T}) \, \mathfrak{z}_0 = [\text{grad } \lambda \, \text{grad } \varphi] = \mathfrak{z}_0 \cdot \frac{2 \, T_t}{r} \, . \tag{33}$$

Unter der Kraft $\mathfrak{T}$ (= Tangentialkraft) kann man sich etwa diejenige Kraft vorstellen, die notwendig ist, um die Reibungskraft $G \, \mu = T_t$ zu überwinden bei einem Reibungskoeffizient μ und einem auf die Grundfläche drückenden Gewicht G. Die Größe dieser Umführungsarbeit ist:

$$A = \oint\limits_{K} \mathfrak{T} \, d\mathfrak{r} = \oint\limits_{K} \lambda \, d\varphi = \oint\limits_{K} T_t \cdot r \, d\varphi = T_t \cdot 2 \, r \, \pi \, .$$

Das die Arbeit darstellende Produkt ist hier $T_t \cdot r = \lambda$ und $\Delta \varphi = 2 \, \pi$. Allgemein gesprochen ist demnach:

$$A = \lambda \cdot \Delta \varphi \, . \tag{34}$$

Da sich die Arbeit A als das Produkt der zwei unabhängigen Veränderlichen λ und $\Delta \varphi$ darstellt, muß das totale (vollständige) Differential der Arbeit dA aus zwei Gliedern mit partiellen Ableitungen bestehen. Darunter sind diejenigen zu verstehen, bei deren Bildung allein λ oder φ als veränderlich betrachtet werden. Das vollständige Differential von A in Gl. (34) wird also:

$$dA = \frac{\partial A}{\partial \lambda} \cdot d\lambda + \frac{\partial A}{\partial \varphi} \cdot d\varphi \, , \tag{35}$$

$$dA = \varphi \, d\lambda + \lambda \, d\varphi = d \, (\lambda \, \varphi) \, . \tag{36}$$

Man sieht aus Gl. (36), daß $\lambda \, d\varphi$ ein unvollständiges Differential ist, es fehlt $\varphi \, d\lambda$.

Bei Benutzung von Gradienten erhält man stets ein vollständiges Differential für grad $\varphi \, d\mathfrak{r}$. Ist nämlich in der Ebene:

$$\left.\begin{aligned} \operatorname{grad} \varphi &= \mathfrak{r}_0 \frac{\partial \varphi}{\partial r} + \mathfrak{t}_0 \frac{1}{r} \cdot \frac{\partial \varphi}{\partial \psi} \\[2mm] d\mathfrak{r} &= \mathfrak{r}_0 \, dr + \mathfrak{t}_0 \, r \, d\psi \, , \end{aligned}\right\} \text{für Zylinderkoordinaten}$$

und (für Zylinderkoordinaten)

so findet man:

$$\operatorname{grad} \varphi \, d\mathfrak{r} = \left(\mathfrak{r}_0 \frac{\partial \varphi}{\partial r} + \mathfrak{t}_0 \frac{1}{r} \frac{\partial \varphi}{\partial \psi}\right)(\mathfrak{r}_0 \, dr + \mathfrak{t}_0 \, r \, d\psi) \, ,$$

oder nach Ausführung der Multiplikation des inneren Produktes:

$$\operatorname{grad} \varphi \, d\mathfrak{r} = \frac{\partial \varphi}{\partial r} \cdot dr + \frac{\partial \varphi}{\partial \psi} \cdot d\psi = d\varphi \, .$$

Dies ist das vollständige Differential $d\varphi$. Enthält die Größe aber noch den Parameter λ, so ist $\lambda \operatorname{grad} \varphi \, d\mathfrak{r}$ kein vollständiges Differential mehr, sondern:

$$\lambda \operatorname{grad} \varphi \, d\mathfrak{r} = \lambda \frac{\partial \varphi}{\partial r} + \lambda \frac{\partial \varphi}{\partial \psi} \cdot d\psi = \lambda \, d\varphi \qquad (37)$$

(unvollständiges Differential).

Auch das obige Beispiel mit der Tangentialkraft:

$$\mathfrak{T} = \lambda \operatorname{grad} \varphi = \mathfrak{t}_0 \, T_t$$

ergibt als Elementararbeit das unvollständige Differential

$$dA = \lambda \, d\varphi \, .$$

Das unvollständige Differential wird aber sofort zu einem vollständigen, wenn man

$$\mathfrak{T} = \lambda \operatorname{grad} \varphi$$

durch den Parameter λ dividiert und erhält:

$$\frac{\mathfrak{T}}{\lambda} = \operatorname{grad} \varphi \, .$$

λ spielt also hier die Rolle des *integrierenden Nenners*, der das unvollständige Differential zum vollständigen macht. Da alle Energiedifferentiale sowohl in der Mechanik als auch in der Thermodynamik in der Form $dA = \lambda \, d\varphi$ auftreten, muß auch stets ein integrierender Nenner vorhanden sein. In dem hier behandelten Beispiel der tangentialen Reibungskraft ist:

$$\text{der integrierende Nenner} = \lambda = T_t \cdot r = \text{Drehmoment} \, . \qquad (38)$$

b) Arbeitsleistung zur Überwindung einer in gerader Richtung wirkenden Reibungskraft

In dem soeben besprochenen Beispiel wirkte die zur Überwindung der Reibung erforderliche Tangentialkraft entlang dem Umfang eines Kreises. Daß die Kurve eine Kreislinie war, stellte nur eine für die Vereinfachung der Darstellung benutzte Sonderheit dar. Natürlich kann die Umführungsarbeit ebenso gut entlang einer beliebigen anderen Kurve geleistet werden, ohne daß sich an der Behandlung des Problems etwas Grundsätzliches ändern würde. Die besondere Eigenart, die jedoch diese Vorgänge kennzeichnet, war die stete *Veränderung* der *Kraftrichtung.*

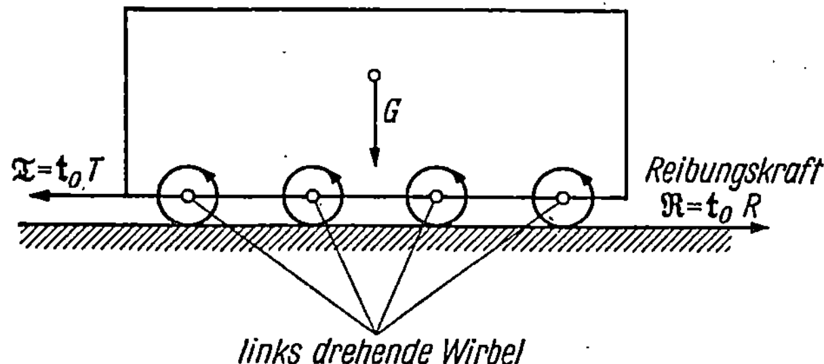

Abb. 6. Erklärungsskizze für den Reibungsvorgang mit waagerecht wirkender Reibungskraft $R = G\,\mu$

$$\text{Drehmoment } M_D = T \cdot r = n \cdot \frac{T}{n} \cdot r$$
$$\lambda = T\,r$$
$$\varphi = \psi$$
$$dA = \lambda\,d\varphi = T\,r\,d\varphi = T\,ds$$

Im Gegensatz hierzu sollen in diesem Abschnitt die Verhältnisse bei der Wirkung einer Reibungskraft von *konstanter Richtung*, also geradlinig, untersucht werden. Man stelle sich etwa vor, daß eine schwere Kiste waagerecht über einen rauhen Boden gezogen werde. Im ersten Augenblick möchte man glauben, daß die Lösung solcher Aufgaben mit konstanter Reibungskraft in der Anwendung der Wirbeltheorie auf Schwierigkeiten stoßen wird, weil die den Wirbel verursachende Rotationsbewegung zu fehlen scheint. Diese vermutete Schwierigkeit ist nur scheinbar. Die konstante Richtung der Reibungskraft kann sofort verwirklicht werden, wenn in dem oben erörterten Beispiel sich die Kreisbahn dreht und die Tangentialkraft $\mathfrak{T}$ ihre konstante Richtung behält, wie es praktisch der Fall ist bei jedem über eine ebene Fläche unter Reibung sich bewegenden Rad.

Wie Abb. 6 im Schema zeigt, kann man sich unter den Körper vom Gewicht G unendlich viele kleine Walzen vom Durchmesser $2\,r$ gelegt denken. Sie verkörpern im eigentlichen Sinne des Wortes die Wirbel. Die Kraft T soll jedoch nicht wie beim Rollen einer Last mit Walzen (Drehmoment $M_D = 2\,T\,r$), sondern die Zugkraft T soll im Wirbelzentrum mit $M_D = T\,r$ angreifen. Bei der Linksbewegung sind die Wirbel linksdrehend. Ihr Wirbelvektor zeigt bei der Benutzung eines Rechtssystems von hinten nach vorn auf den Beschauer zu. Das insgesamt wirkende Drehmoment von etwa n angenommenen Walzen ist $M_D = T \cdot r$ mit $T = R = G\,\mu$ als Reibungskraft. Auf jede einzelne Walze entfällt $M_D/n = T\,r/n$. Zweckmäßigerweise betrachtet man hier die Relativbewegung der Wirbelbahn, die eine Kreisbahn ist, und nicht die Absolutbewegung, die auf einer Kreiszykloide erfolgt. Für einen einzelnen Kreiswirbel ist:

$$\text{das Drehmoment } M_{D_1} = \lambda_1 = \frac{T}{n} \cdot r$$

und

$$\text{der Drehwinkel } \varphi = \psi$$

und

$$\text{die Elementararbeit } dA_1 = \frac{T}{n} \cdot r\,d\varphi\,.$$

Für n Wirbel wird mit $r\,d\varphi = ds$

$$dA = n\frac{T}{n}\,r\,d\varphi = T\,ds = \lambda\,d\varphi\,.$$

Der integrierende Nenner ist auch hier $\lambda = T \cdot r$.

Die Fläche, an der die Reibung angreift, ist hiernach mit einer sehr großen Anzahl n geradliniger Kreiswirbel, die den Widerstand darstellen, bedeckt. Die Wirbel stehen *senkrecht* zur Bewegungsrichtung. Der flächennormale Vektor ist $\mathfrak{T} = \mathfrak{t}_0\,T$. Er steht senkrecht zum rot $\mathfrak{T}$, zur Wirbelachse. Haben sich, wie im Schema Abb. 6, einmal die Wirbel zu einer bestimmten Bewegungsrichtung ausgebildet, so ist es leicht, den in Bewegung befindlichen Körper senkrecht zur Bewegungsrichtung, also in Richtung der Wirbelachsen, auszulenken. Das von der Reibung herrührende Wirbelmoment ist bereits *vergeben* und kann nicht noch für die senkrechte Bewegung mit erforderlichen waagerechten Wirbeln verwendet werden. Hiermit läßt sich die durch das Experiment leicht zu verwirklichende, bekannte Tatsache auch mit Hilfe der Wirbeltheorie einfach erklären.

c) Arbeitsleistung zur Überwindung einer Reibungskraft auf der schiefen Ebene

Um zu zeigen, wie sich die wirbelenergetische Rechnung beim Auftreten von Wirbel- und Potentialfeldern gestaltet, soll im folgenden das Beispiel der schiefen Ebene behandelt werden.

Wie in Abb. 7 schematisch dargestellt, bewege sich auf einer schiefen Ebene mit der Neigung α in einer Kreisbahn linksdrehend ein Massenpunkt M vom Gewicht G. Das Gewicht G zerlegt sich in eine Komponente $G \sin \alpha$ senkrecht zur Schnittlinie der schiefen Ebene mit der Horizontalebene und in eine Komponente $G \cos \alpha$ senkrecht zur schiefen Ebene. Die entlang der Kreislinie auftretende Reibungskraft ist bei einem gegebenen Reibungskoeffizienten μ dem Betrage nach $G \cos \alpha\, \mu$. Die Tangentialkraft $\mathfrak{T}$ muß diese Reibungskraft überwinden. Außerdem aber muß $\mathfrak{T}$ für die Drehwinkel $\pi/2 > \vartheta > 3\pi/2$ die tangential wirkende

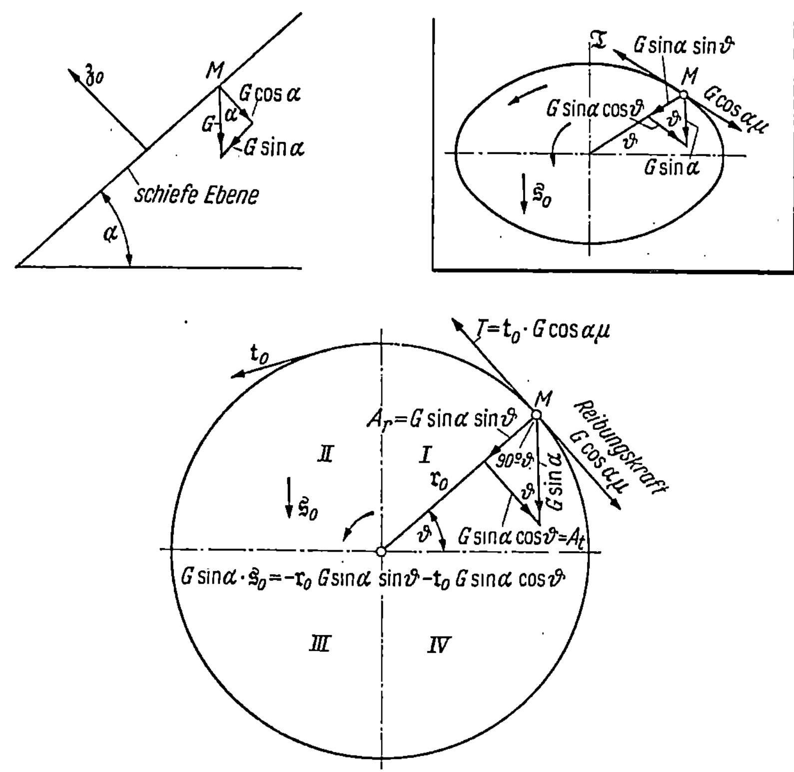

Abb. 7. Arbeitsleistung auf der schiefen Ebene

Gewichtskomponente $A_t = G \sin \alpha \cos \vartheta$ zusätzlich überwinden, während für die Drehwinkel $3\,\pi/2 > \vartheta > \pi/2$ die Gewichtskomponente A_t die Tangentialkraft $\mathfrak{T}$ entlastet. Die Betrachtungsweise wird sehr erleichtert, wenn man die *wirbelbehaftete* Reibungsbewegung und die *wirbelfreie* Bewegung unter Wirkung der Schwerkraft (Gewicht G) getrennt behandelt.

Die wirbelbehaftete Reibungsbewegung kann genau so behandelt werden wie der obige Fall 2 a. Man findet hier

$$(\text{rot } \mathfrak{T})\, \mathfrak{z}_0 = \mathfrak{z}_0 \frac{1}{r}\left\{ \frac{\partial (r\, T_t)}{\partial r} - \frac{\partial T_r}{\partial \vartheta} \right\}.$$

Der Einheitsvektor $\mathfrak{z}_0$ steht hierbei senkrecht auf der schiefen Ebene und zeigt (s. Abb. 7) von der schiefen Ebene weg nach oben. Man findet wie unter 2a

$$\frac{\partial(r\,T_t)}{\partial r} = T_t\,,$$

$$\frac{\partial T_r}{\partial\vartheta} = -\,T_t$$

und

$$(\text{rot } \mathfrak{T})\,\mathfrak{z}_0 = \mathfrak{z}_0 \cdot \frac{1}{r}\left\{\frac{\partial(r\,T_t)}{\partial r} - \frac{\partial T_r}{\partial\vartheta}\right\} = \mathfrak{z}_0 \cdot \frac{1}{r}\left\{T_t + T_t\right\} = \mathfrak{z}_0 \cdot \frac{2\,T_t}{r}\,.$$

Setzt man noch für

$$T_t = G\cos\alpha\,\mu\,,$$

so ergibt sich

$$\text{rot } \mathfrak{T} = \mathfrak{z}_0 \cdot \frac{2\,T_t}{r} = \mathfrak{z}_0 \cdot \frac{2\,G\cos\alpha\,\mu}{r}\,,$$

ferner wird

$$\lambda = T_t \cdot r = G\cos\alpha\,\mu \cdot r = \text{Drehmoment}\,,$$

$$\varphi = \vartheta = \text{Drehwinkel auf der schiefen Ebene}\,,$$

$$\text{grad }\lambda = \mathfrak{r}_0 \cdot 2\,T_t = \mathfrak{r}_0 \cdot 2\,G\cos\alpha\,\mu\,,$$

$$\text{grad }\bar{\vartheta} = \mathfrak{t}_0 \cdot \frac{1}{r}\,,$$

$$\text{rot } \mathfrak{T} = [\text{grad }\lambda\;\text{grad }\vartheta] = \mathfrak{z}_0 \cdot 2\,G\cos\alpha\,\mu\,,$$

$$\mathfrak{T} = \lambda\,\text{grad }\vartheta = \mathfrak{t}_0\,T_t \cdot r \cdot \frac{1}{r} = \mathfrak{t}_0 \cdot T_t = \mathfrak{t}_0\,G\cos\alpha\,\mu\,.$$

Der integrierende Nenner:

$$\lambda = T_t \cdot r = G\cos\alpha\,\mu \cdot r\,,$$

$$\mathfrak{T}\,\text{rot } \mathfrak{T} = \mathfrak{t}_0 \cdot G\cos\alpha\,\mu \cdot \mathfrak{z}_0 \cdot 2\,G\cos\alpha\,\mu = 2\,G^2\cos^2\alpha\,\mu^2\,\mathfrak{t}_0\,\mathfrak{z}_0\,.$$

Da aber

$$\mathfrak{t}_0\,\mathfrak{z}_0 = 0,\ \text{weil}\ \mathfrak{t}_0 \perp \mathfrak{z}_0\,,$$

so wird

$$\mathfrak{T}\,\text{rot } \mathfrak{T} = 0$$

aber

$$\text{rot } \mathfrak{T} \neq 0\,.$$

Die Äquipotentiallinien sind hier:

$$\lambda = G\cos\alpha\,\mu \cdot r = \text{konst.} = \text{Kreise um 0 auf der schiefen Ebene}\,,$$

$$\vartheta = \text{konst.} = \text{Radiusvektoren durch 0}\,.$$

Die λ- und ϑ-Kurven schneiden sich rechtwinklig.

Die Arbeitsleistung ist:

$$dA = \lambda\,d\vartheta = G\cos\alpha\,\mu \cdot r\,d\vartheta\,,$$

die Arbeit bei einer Umdrehung ist:

$$A = G \cos \alpha \, \mu \cdot 2 \, r \, \pi \, .$$

Die Energieübertragungsfläche ist die schiefe Ebene mit ihren Wirbeln rot $\mathfrak{T} = [\operatorname{grad} \lambda \; \operatorname{grad} \vartheta] = \mathfrak{z}_0 \cdot 2 \, G \, \cos \, \alpha \, \mu$. Die Energieübertragungsfläche ist also hier eine Wirbelfläche, deren Wirbel senkrecht ($\mathfrak{z}_0$) zu ihr stehen.

Eine zusätzliche wirbelfreie Bewegung kommt durch die Gewichtskomponente $G \sin \alpha$ in das vorliegende Problem. $G \sin \alpha$ behält während der ganzen Drehbewegung seine Richtung bei. Sie steht senkrecht zur Schnittlinie der schiefen Ebene mit der Horizontalebene und soll durch den Einheitsvektor $\mathfrak{z}_0$ (s. Abb. 7) gekennzeichnet werden. Man kann also mit Zylinderkoordinaten, Einheitsvektoren $\mathfrak{r}_0$ radial und $\mathfrak{t}_0$ tangential, die Schwerkraftkomponente $G \sin \alpha$ vektoriell darstellen als:

$$\mathfrak{A} = \mathfrak{r}_0 \, A_r + \mathfrak{t}_0 \, A_t \, , \tag{39}$$

$$A_r = - \, G \sin \alpha \sin \vartheta \, ,$$

$$A_t = - \, G \sin \alpha \cos \vartheta \, ,$$

$$\mathfrak{A} = \mathfrak{z}_0 \, G \sin \alpha \, .$$

Im Quadranten I des Kreises, auf dem die Bewegung des Massenpunkte, stattfindet, wirkt die Schwerkraftkomponente $\mathfrak{t}_0 \, A_t$ im Sinne von links nach rechts. Zur Überwindung dieser Kraft muß die entgegengesetztes also $+ \, \mathfrak{t}_0 \, A_t = + \, \mathfrak{t}_0 \cdot G \sin \alpha \cos \vartheta$, aufgebracht werden. Man kann nun auch hier versuchen, den rot $\mathfrak{A}$ anzuschreiben, obwohl natürlich von vornherein klar ist, daß dies Schweregradientenfeld keinen Rotor haben kann. Es ist also nach Gl. (22)

$$\operatorname{rot} \mathfrak{A} = \mathfrak{z}_0 \cdot \frac{1}{r} \left[\frac{\partial (r \, A_t)}{\partial r} - \frac{\partial A_r}{\partial \vartheta} \right] \, ,$$

$$\frac{\partial (r \, A_t)}{\partial r} = \frac{\partial (r \, G \sin \alpha \cos \vartheta)}{\partial r} = + \, G \sin \alpha \cos \vartheta \, ,$$

$$\frac{\partial A_r}{\partial \vartheta} = \frac{\partial (G \sin \alpha \sin \vartheta)}{\partial \vartheta} = + \, G \sin \alpha \cos \vartheta \, .$$

$\partial A_r / \partial \vartheta$ ist positiv, da mit *zunehmendem* ϑ der Betrag A_r im betrachteten Quadranten I *wächst*. Somit wird:

$$\operatorname{rot} \mathfrak{A} = \mathfrak{z}_0 \cdot \frac{1}{r} \, (G \sin \alpha \cos \vartheta - G \sin \alpha \cos \vartheta) = 0 \, .$$

Der Rotor ist, wie es ja im Gradientenfeld sein soll, gleich Null. Das Potential der Komponente $G \sin \alpha$ der Schwerkraft ist:

$$\lambda = - \, G \sin \alpha \cdot r \sin \vartheta \, . \tag{40}$$

Nach Gl. (20) wird:

$$\operatorname{grad} \lambda = r_0 \frac{\partial \lambda}{\partial r} + t_0 \cdot \frac{1}{r} \cdot \frac{\partial \lambda}{\partial \vartheta} \,. \tag{41}$$

Setzt man hierin ein:

$$\frac{\partial \lambda}{\partial r} = \frac{\partial(- G \sin \alpha \, r \sin \vartheta)}{\partial r} = - G \sin \alpha \sin \vartheta \,,$$

$$\frac{1}{r} \cdot \frac{\partial \lambda}{\partial \vartheta} = \frac{\partial(- G \sin \alpha \sin \vartheta)}{\partial \vartheta} \cdot \frac{1}{r} = - G \sin \alpha \cos \vartheta \,.$$

Hieraus ergibt sich:

$$\operatorname{grad} \lambda = - r_0 \, G \sin \alpha \sin \vartheta - t_0 \, G \sin \alpha \cos \vartheta = \mathfrak{z}_0 \, G \sin \alpha \,. \tag{42}$$

Die Äquipotentiallinien sind hier Linien konstanten Wertes λ, d. h. Linien mit $r \sin \vartheta = $ konst. Das sind nichts anderes als Gerade der schiefen Ebene parallel zur Schnittgeraden von schiefer Ebene und Horizontalebene. Die Elementararbeitsleistung ist:

$$dA = - G \, r \sin \alpha \, d \, (\sin \vartheta)$$

und

$$A = \int dA = \int - G \sin \alpha \, r \cos \vartheta \cdot d\vartheta = - G \sin \alpha \, r \int_0^0 \cos \vartheta \, d\vartheta \,,$$

$$A = - G \sin \alpha \, r \sin \vartheta \big|_0^0 \,,$$

d. h. $A = 0$.

Auf dem Wege von $\vartheta = 3\,\pi/2$ bis $\vartheta = \pi/2$ ist: $A_1 = - G \sin \alpha \cdot 2\,r$, d. h. die Arbeit A_1 muß geleistet werden. Auf dem Wege von $\pi/2$ bis $3\,\pi/2$ liefert die Gewichtskomponente $G \sin \alpha$ die Arbeit $A_2 = + G \sin \alpha \cdot 2\,r$ $= - A_1$, d. h. die Arbeit A_2, gleich an Größe wie $\mathfrak{A}_1$, wird gewonnen. Insgesamt wird also, wie es ja auch sein muß, durch die Schwerkraftkomponente weder Arbeit gewonnen noch verbraucht.

Bei der Berechnung der Arbeitsleistung, die *insgesamt* aufzubringen ist, kann demnach das Gradientenfeld unberücksichtigt bleiben.

Nach diesen einfachen Beispielen aus der Mechanik sollen nunmehr einige Beispiele aus der Maschinenlehre gebracht werden und soll an ihnen gezeigt werden, wie hier die Formel $\mathfrak{A}$ rot $\mathfrak{A} = 0$ mit rot $\mathfrak{A} \neq 0$ zu Energieflächen als Wirbelflächen führt.

d) Arbeitsleistung bei Kolbenpumpe

In Abb. 8 ist schematisch eine Kolbenpumpe für Flüssigkeitsförderung dargestellt, die zur Vereinfachung der Darstellung einfachwirkend sein soll. Es möge sich etwa um eine Wasserwerkspumpe handeln, die das Gewicht einer Wassersäule zu heben hat. Die vorhandenen Einflüsse der Strömungswiderstände und des Massendruckes sollen bei der vorliegenden Betrachtung außer Acht gelassen werden, um nicht die Gesamtdarstellung zu unübersichtlich zu gestalten.

Aus dem Krafteck ABC für den Druckhub in Abb. 8a folgt: Die Kurbelstangenkraft S_1 zerlegt sich in die Kolbenstangenkraft P_1 zur Überwindung der auf den Kolben entgegenwirkenden Kraft der Wasser-

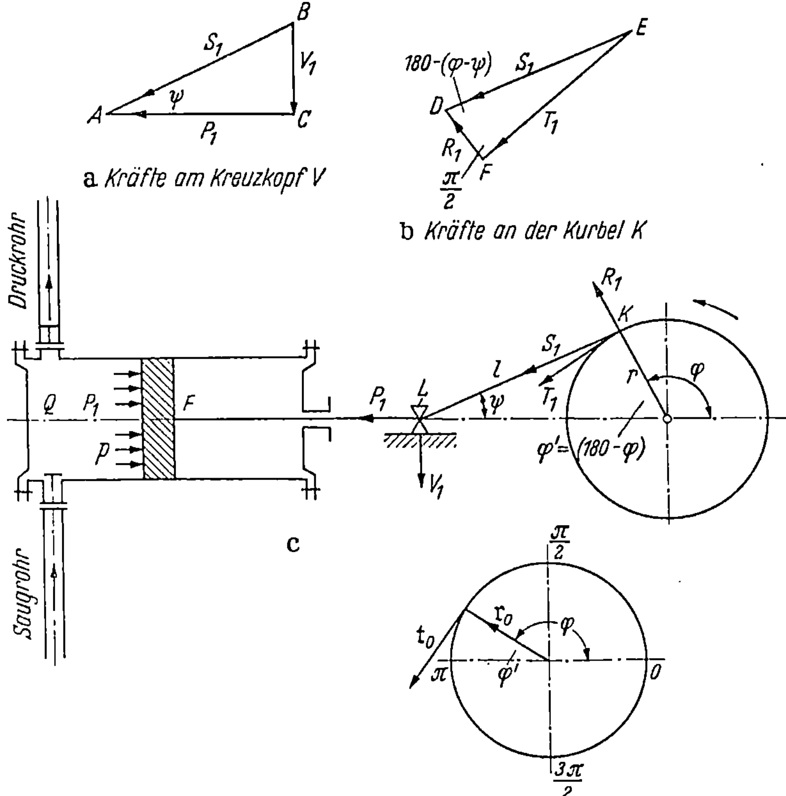

Abb. 8a—c. Kraftverhältnisse an der Kolbenpumpe

säule einerseits und in die auf die Kreuzkopfbahn nach unten wirkende Vertikalkraft V_1 andrerseits. Es gilt die Beziehung

$$S_1 = \frac{P_1}{\cos \psi} \ . \tag{43}$$

Die Schubstangenkraft S_1 zerlegt sich gemäß Abb. 8b (Diagramm DEF) in die Tangentialkraft T_1 und in die radial wirkende Kraft $R_1 \cdot R_1$ und T_1 stehen senkrecht aufeinander. Aus dem Krafteck DEF folgt:

$$T_1 = S_1 \cdot \sin \left[180 - (\varphi - \psi)\right] \ .$$

$$T_1 = S_1 \cdot \sin (\varphi - \psi) \ . \tag{44}$$

Setzt man aus Gl. (43) den Wert S_1 ein, so findet man:

$$T_1 = P_1 \cdot \frac{\sin(\varphi - \psi)}{\cos \psi} \, .$$

Das Drehmoment am Kurbelradius r erhält somit den Wert:

$$M_{d1} = T_1 \cdot r = P_1 \cdot r \cdot \frac{\sin(\varphi - \psi)}{\cos \psi} \, . \tag{45}$$

Die Arbeitsleistung der Pumpe kann bekanntlich dargestellt werden durch Drehmoment M_d und Winkelgeschwindigkeit ω als:

$$N_1 = M_{d1} \cdot \omega \quad [\text{mkg/sek}] \, .$$

Will man nicht die Leistung sondern die Arbeit anschreiben, so ist, da ja $\omega = d\varphi/dt$ mit φ als Drehwinkel und t als Zeit in Sekunden ist,

$$dA_1 = M_d \cdot d\varphi \, , \tag{46}$$

oder unter Verwendung von Gl. (45):

$$dA_1 = P_1 \, r \cdot \frac{\sin(\varphi - \psi)}{\cos \psi} \cdot d\varphi$$

oder

$$dA_1 = \lambda_1 \, d\varphi$$

mit

$$\lambda_1 = P_1 \, r \cdot \frac{\sin(\varphi - \psi)}{\cos \psi} \, . \tag{47}$$

Man erkennt die Äquipotentiallinien als

$$\lambda_1 = P_1 \, r \cdot \frac{\sin(\varphi - \psi)}{\cos \psi} = \text{konstant} \tag{48}$$

und

$$\varphi = \text{konstant} \, . \tag{49}$$

Die Äquipotentiallinien $\varphi = $ konstant sind wieder die vom Kurbelmittelpunkt gezogenen Radiusvektoren. Die Linien für $\lambda = $ konst. lassen sich nicht so einfach deuten. Durch einfache Umgestaltungen von λ_1 in Gl. (48) kann man sich aber doch ein anschauliches Bild machen. Zunächst ist zu beachten, daß P_1 während des ganzen Druckhubes als Gegenkraft zur hydraulischen Kraft $F \cdot H \cdot \gamma$ mit $F = $ wirksamer Kolbenfläche, $H = $ Druckhöhe und $\gamma = $ spez. Gewicht konstant bleibt. Man hat somit nur die Kurven

$$r \frac{\sin(\varphi - \psi)}{\cos \psi} = c = \text{konstant} \tag{50}$$

zu finden. Man kann Gl. (50) auch schreiben:

$$c = r \frac{\sin \varphi \cos \psi - \cos \varphi \sin \psi}{\cos \psi}$$

oder

$$c = r \sin \varphi - r \cos \varphi \, \text{tg} \, \psi$$

und

$$r = \frac{c}{\sin \varphi - \cos \varphi \, \text{tg} \, \psi} \, . \tag{51}$$

Es handelt sich nun darum, die Gleichung $r = f(\varphi)$ zu deuten. Die Gleichung einer geraden Linie mit dem Neigungswinkel α gegen die Waagerechte lautet im Polarkoordinatensystem (r, φ):

$$r = \frac{c}{\sin \varphi - \cos \varphi \, \text{tg} \, \alpha} \, . \tag{52}$$

Ich möchte nicht, daß der Leser diese Tatsache stillgläubig hinnehmen soll. Ich möchte deshalb Gl. (52) kurz beweisen.

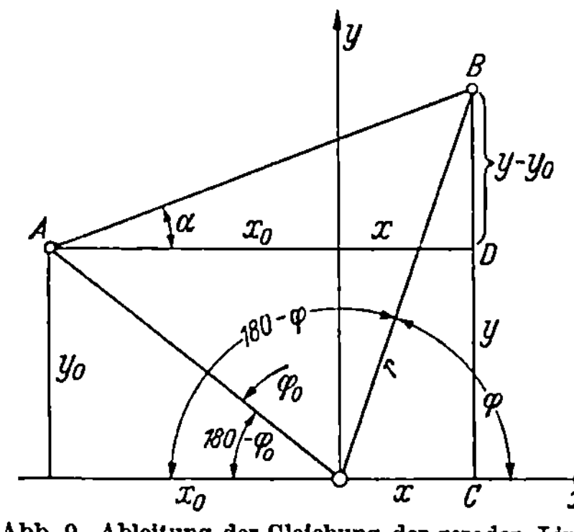

Abb. 9. Ableitung der Gleichung der geraden Linie im Polarkoordinatensystem

In Abb. 9 ist die gerade Linie AB unter der Neigung α gegen die Horizontale gezeichnet. Nach dem Cartesischen $X\text{-}Y\text{-}$Koordinatensystem lautet die Gleichung von AB:

$$\frac{y - y_0}{x_0 + x} = \text{tg} \, \alpha$$

oder

$$y = x \, \text{tg} \, \alpha + (y_0 + x_0 \, \text{tg} \, \alpha) . \tag{53}$$

Aus Dreieck OBC folgt:

$$x = r \cos \varphi \, , \qquad y = r \sin \varphi \, .$$

Setzt man diese Größen in Gl. (53) ein, so findet man:

$$r \sin \varphi = + r \cos \varphi \, \text{tg} \, \alpha + (r_0 \sin \varphi_0 - r_0 \cos \varphi_0 \, \text{tg} \, \alpha)$$

oder etwas umgeordnet:

$$r = \frac{r_0 (\sin \varphi_0 - \cos \varphi_0 \, \text{tg} \, \alpha)}{\sin \varphi - \cos \varphi \, \text{tg} \, \alpha} = \frac{c}{\sin \varphi - \cos \varphi \, \text{tg} \, \alpha} \tag{54}$$

mit

$$c = r_0 (\sin \varphi_0 - \cos \varphi_0 \, \text{tg} \, \alpha) \, . \tag{55}$$

Gl. (54) ist in der Tat identisch mit Gl. (52), wenn man für c die Größen von φ_0 und α einsetzt.

Hiernach ist Gl. (51) die Gleichung einer geraden Linie mit dem Neigungswinkel $\alpha = \psi$. Durch den Kurbelpunkt K auf Abb. 8 hat man also nur KL über K hinaus zu verlängern und erhält dann als Schnittpunkt mit dem Kurbelkreis einen zweiten Punkt der durch Gl. (51) bestimmten Geraden mit dem Neigungswinkel ψ. Die Winkel ψ und φ stehen in einfacher Beziehung zueinander: In Abb. 8 folgt aus dem durch Kurbel OK, Schubstange KL und Kreuzkopfentfernung von Wellenmitte LO gebildeten Dreieck OKL:

$$\sin \psi = \frac{r}{l} \cdot \sin (180 - \varphi) = \frac{r}{l} \sin \varphi \, . \tag{56}$$

Man kann also einfach bei gegebenem r/l zu jedem Winkel φ den zugehörigen Winkel ψ finden und somit die zu jeder Kurbelstellung φ gehörige Konstante c nach Gl. (55) finden.

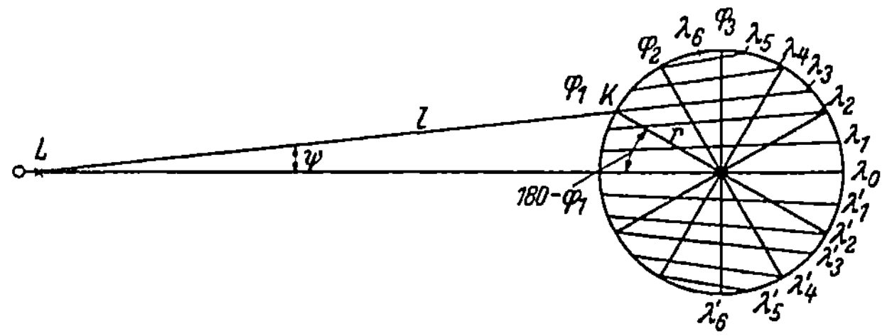

Abb. 10. Zeichnerische Darstellung der Äquipotentiallinien bei der Kolbenpumpe (λ- und φ-Linien)

$$\lambda = P \, r \, \frac{\sin (\varphi - \psi)}{\cos \psi} = \text{konst.} = c$$

$$r = \frac{c}{\sin \varphi - \cos \varphi \, \operatorname{tg} \psi} = \text{Gleichung der } \lambda\text{-Geraden}$$

$$\varphi = \text{konst.} = \text{Radiusvektoren}$$

$$\frac{r}{l} = \frac{1}{5}$$

In Abb. 10 sind mehrere solche Geraden mit dem Neigungswinkel ψ für ein Verhältnis $r/1 = 1/5$ gezeichnet. Die zeichnerische Darstellung der λ-Geraden ist noch einfacher. Man verlängert in jeder Kurbelstellung die Schubstangengerade KL. Die Geraden des φ-Feldes ($=$ Radiusvektoren von 0 aus) schneiden die λ-Geraden des λ-Feldes.

Um die vektoriellen Beziehungen zu zeigen und um große mathematische Umformungen zu vermeiden, soll im weiteren Verlauf mit unendlich langer Schubstange $l = \infty$ und somit mit $\varepsilon = r/l = 0$ und $\psi = 0$ gerechnet werden.

Für den Druckhub der Pumpe von $\varphi = 0$ bis $\varphi = \pi$ (s. Abb. 8) gilt mit $\psi = 0$ nach Gl. (45):

$$M_{d1} = P_1 \cdot r \sin \varphi = \lambda_1 \, .$$

Die Elementararbeit wird:

$$dA_1 = \lambda_1 \, d\varphi = P_1 \, r \sin \varphi \, d\varphi \tag{57}$$

und

$$A_1 = \int_0^\pi \lambda_1 \, d\varphi = P_1 \, r \int_0^\pi \sin \varphi \, d\varphi = P_1 \, r \, (- \cos \varphi)_0^\pi \, ,$$

$$A_1 = P_1 \, r \, (- \cos \pi + \cos 0) = + 2 \, P_1 \, r \, . \tag{58}$$

$+ 2\,P_1\,r$ heißt, daß die Arbeit auf dem Druckhub zu leisten ist. Für den Saughub, bei dem die Saugsäule auf den Kolben drückt, wird Arbeit gewonnen. Hier möge die Saugkraft $P_2 < P_1$ wirken. Man erhält auf ähnliche Weise wie beim Druckhub:

$$A_2 = -\, 2\,P_2\,r \qquad (59)$$

und

$$\lambda_2 = P_2\,r \sin\varphi \;. \qquad (60)$$

In Abb. 11 ist ein λ-φ-Diagramm für die Kolbenpumpe skizziert. λ_1 verläuft sinusförmig von 0 über C_1 nach π für den Druckhub, λ_2 verläuft sinusförmig von π bis $2\,\pi$ über C_2 für den Saughub. Die geschlossene Kurve $OC_1\pi C_2 O$ ist der geschlossene Prozeß der einfachwirkenden Kolbenpumpe. Die Fläche wird umrandet von den beiden Sinuskurven $\lambda_1 = f(\varphi)$ und $\lambda_2 = f(\varphi)$. Der die Arbeit bei einer Umdrehung darstellende Flächeninhalt beträgt:

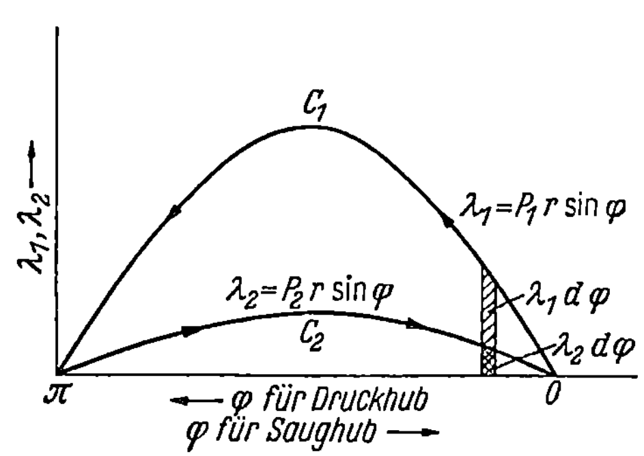

Abb. 11. λ-φ-Diagramm für Kolbenpumpe.
(λ = Drehmoment, φ = Drehwinkel)

$$A_1 - A_2 = 2\,r\,(P_1 - P_2)\,. \qquad (61)$$

$\operatorname{grad}\lambda_1$ und $\operatorname{grad}\varphi$ für den Druckhub ergibt sich zu:

$$\operatorname{grad}\lambda_1 = \mathfrak{r}_0\,\frac{\partial\lambda_1}{\partial r} + \mathfrak{t}_0\,\frac{\partial\lambda_1}{\partial\varphi}\cdot\frac{1}{r}\;[\text{s. Gl. (20)}]\,,$$

$$\frac{\partial\lambda_1}{\partial r} = \frac{\partial(P_1\,r \sin\varphi)}{\partial r} = P_1 \sin\varphi\,,$$

$$\frac{1}{r}\cdot\frac{\partial\lambda_1}{\partial\varphi} = \frac{1}{r}\cdot\frac{\partial(P_1\,r \sin\varphi)}{\partial\varphi} = P_1 \cos\varphi\,.$$

Hieraus ergibt sich:

$$\operatorname{grad}\lambda_1 = \mathfrak{r}_0\,P_1 \sin\varphi + \mathfrak{t}_0\,P_1 \cos\varphi\,.$$

Setzt man zum klareren Verständnis gemäß Abb. 8

$$180 - \varphi = \varphi'$$

und

$$\varphi = 180 - \varphi'\,,$$

dann hat man es nur mit dem spitzen Winkel φ' in Abb. 8 zu tun. Man erhält:

$$\sin\varphi = \sin(180 - \varphi') = \sin\varphi'\,,$$

$$\cos\varphi = \cos(180 - \varphi') = -\cos\varphi'\,.$$

Der Gradient kann dann geschrieben werden:

$$\operatorname{grad} \lambda_1 = \mathfrak{r}_0 \, P_1 \sin \varphi' - \mathfrak{t}_0 \, P_1 \cos \varphi' \, . \tag{62}$$

In Abb. 12 ist für den Punkt P_0 der grad λ_1 zeichnerisch dargestellt. Die Äquipotentiallinie für $\lambda_1 = P_1 \, r \sin \varphi$ ist eine Waagerechte durch P_0, weil für alle Punkte dieser Linie $r \sin \varphi'$ konstant ist. Der grad λ_1 hat eine Komponente $\mathfrak{r}_0 \, P_1 \sin \varphi'$ in der positiven Richtung des radialen Einheitsvektors $\mathfrak{r}_0$ und eine Komponente $- \mathfrak{t}_0 \, P_1 \cos \varphi'$ in der negativen Richtung des tangentialen Einheitsvektors $\mathfrak{t}_0$. Beide Komponenten ergeben den zur horizontalen Äquipotentiallinie $P_0 \, Q_0$ senkrecht stehenden Gradienten vom Betrage P_1.

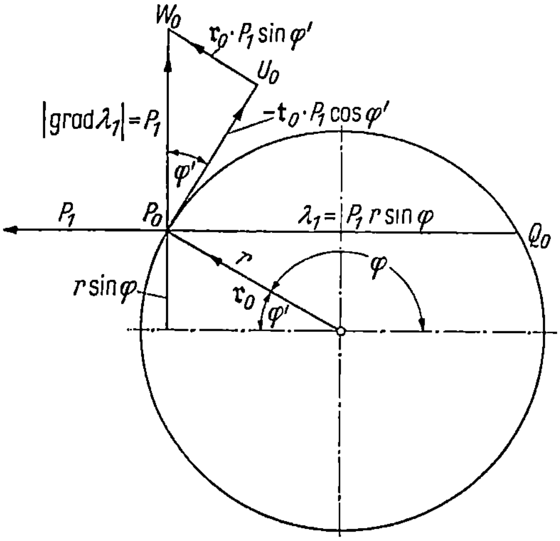

Abb. 12. Erklärungsskizze für λ_1 und grad λ_1 beim Druckhub der Kolbenpumpe

Nach Gl. (20) wird:

$$\operatorname{grad} \varphi = \frac{\partial \varphi}{\partial r} \cdot \mathfrak{r}_0 + \frac{1}{r} \cdot \frac{\partial \varphi}{\partial \varphi} \cdot \mathfrak{t}_0 \, ,$$

$$\operatorname{grad} \varphi = \mathfrak{t}_0 \cdot \frac{1}{r} \, . \tag{63}$$

Der Rotor wird

$$\operatorname{rot} \mathfrak{A} = [\operatorname{grad} \lambda_1 \, \operatorname{grad} \varphi] \, ,$$

$$\operatorname{rot} \mathfrak{A} = \left[(\mathfrak{r}_0 \, P_1 \sin \varphi' - \mathfrak{t}_0 \, P_1 \cos \varphi') \cdot \mathfrak{t}_0 \cdot \frac{1}{r} \right] \, ,$$

$$\operatorname{rot} \mathfrak{A} = \left[\mathfrak{r}_0 \, \mathfrak{t}_0 \, P_1 \frac{\sin \varphi'}{r} - [\mathfrak{t}_0 \, \mathfrak{t}_0] \, P_1 \frac{\cos \varphi'}{r} \right] \, ,$$

$$\operatorname{rot} \mathfrak{A} = \mathfrak{z}_0 \cdot \frac{P_1 \sin \varphi'}{r} = \mathfrak{z}_0 \cdot \frac{P_1 \sin \varphi}{r} \, . \tag{64}$$

Ferner wird:

$$\mathfrak{A} = \lambda_1 \operatorname{grad} \varphi = (P_1 \, r \sin \varphi) \cdot \frac{1}{r} \, \mathfrak{t}_0 = \mathfrak{t}_0 \cdot P_1 \sin \varphi \, . \tag{65}$$

Die Elementararbeit ist wieder:

$$\mathfrak{A} \, d\mathfrak{r} = P_1 \sin \varphi \cdot r \, d\varphi = P_1 \, r \sin \varphi \, d\varphi$$

wie in Gl. (57).

3*

In Abb. 11 war $\lambda = f(\varphi)$ dargestellt mit λ als Drehmoment.

Man kann nun auch im Diagramm Abb. 13 die Höhe H in Abhängigkeit vom gedrückten (bzw. gesaugten) jeweiligen Wassergewicht Q im Pumpenzylinder darstellen. Die Elementararbeit wird dann:

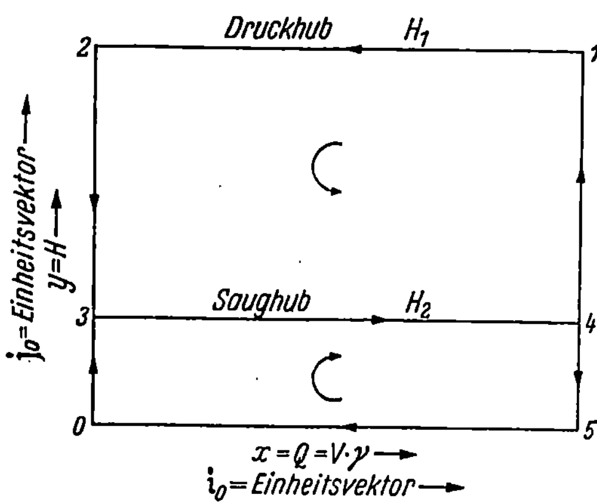

Abb. 13. *H-Q*-Diagramm für Kolbenpumpe (im Lichte der Wirbeldarstellung)

$$dA_1 = H_1 \cdot dQ$$
$$(H \text{ in } m,\ Q \text{ in kg}) .$$

Das geförderte Wassergewicht dQ kann nun geschrieben werden:

$$dQ = F \cdot \gamma \cdot ds$$

($F =$ wirksame Kolbenfläche in m², γ in kg/m³).

Der Elementarweg ds des Kolbens ist aber bei unendlicher Schubstangenlänge:

$$ds = r \sin \varphi\, d\varphi .$$

Hiermit lautet dann die Elementararbeit:

$$dA_1 = H_1\, F\, \gamma\, r\, \sin \varphi\, d\varphi .$$

Beachtet man, daß

$$H_1\, F\, \gamma = P_1$$

ist, so wird wie in Gl. (57)

$$dA_1 = P_1\, r \sin \varphi\, d\varphi .$$

Es ist zweckmäßiger, in Abb. 13 Kartesische Koordinaten anzuwenden. Die Ordinate y möge gleichbedeutend mit der Höhe H sein, und die Abszisse x möge die zwischen Zylinderdeckel (links) und Kolbenfläche (hintere) befindliche Wassermenge Q kg (s. Abb. 8) darstellen. Für die vektoriellen Größen hat man:

$$
\left.
\begin{array}{ll}
\text{a)} \quad & \operatorname{grad}\varphi = \mathfrak{i}_0 \dfrac{\partial \varphi}{\partial x} + \mathfrak{j}_0 \dfrac{\partial \varphi}{\partial y} \\[2ex]
\text{b)} \quad & \operatorname{grad}\lambda = \mathfrak{i}_0 \dfrac{\partial \lambda}{\partial x} + \mathfrak{j}_0 \dfrac{\partial \lambda}{\partial y} \\[2ex]
\text{c)} \quad & \mathfrak{A} = \lambda\, \operatorname{grad}\varphi \\[2ex]
\text{d)} \quad & \operatorname{rot}\mathfrak{A} = \mathfrak{z}_0 \left(\dfrac{\partial Ay}{\partial x} - \dfrac{\partial Ax}{\partial y} \right)
\end{array}
\right\}
\qquad (66)
$$

$\mathfrak{i}_0\ \mathfrak{j}_0\ \mathfrak{z}_0$ bilden wieder ein Rechtssystem.

Der Parameter λ ist (s. Abb. 13) für Druck- und Saughub $y = H$ = Höhe. Für den Druckhub ist $\lambda = H_1$ = konstant, für den Saughub ist

$\lambda = H_2 =$ konstant. Der Parameter φ ist $x = Q =$ Wassergewicht $V \cdot s \cdot \gamma$. Für den Druckhub ist $x = Q$ negativ, nimmt ab, für den Saughub ist $x = Q$ positiv, nimmt zu. Ferner ist:

$$\operatorname{grad}\lambda = \operatorname{grad} y = \operatorname{grad} H = \mathfrak{i}_0 \frac{\partial H}{\partial Q} + \mathfrak{j}_0 \frac{\partial H}{\partial H} = + \mathfrak{j}_0 \,,$$

$$\operatorname{grad}\varphi = \operatorname{grad} x = \operatorname{grad} Q = \mathfrak{i}_0 \frac{\partial Q}{\partial Q} + \mathfrak{j}_0 \frac{\partial Q}{\partial H} = + \mathfrak{i}_0 \,.$$

Für die *Druckperiode*, Weg 1—2—0—5—1, wird:

$$\operatorname{rot}\mathfrak{A}_1 = [\operatorname{grad}\lambda \operatorname{grad}\varphi]\,,$$

$$\operatorname{grad}\varphi = - \mathfrak{i}_0 \,.$$

Hier muß $\operatorname{grad}\varphi$ negativ werden, weil die Bewegung des Kolbens in der negativen Richtung erfolgt. Somit wird:

$$\operatorname{rot}\mathfrak{A}_1 = [+ \mathfrak{j}_0 (- \mathfrak{i}_0)] = - [\mathfrak{j}_0 \mathfrak{i}_0] = + [\mathfrak{i}_0 \mathfrak{j}_0] = + \mathfrak{z}_0 \,.$$

Für die Druckperiode ist der geschlossene Prozeß 1—2—0—5—1 linksdrehend, entsprechend dem nach dem Rechtssystem auf den „Beschauer zu" weisenden, auf der Fläche senkrecht stehenden Einheitsvektor $+ \mathfrak{z}_0$. Die Größe der bei der Umführung geleisteten Arbeit wird durch die umrandete Fläche:

$$H_1 \cdot Q$$

dargestellt. Der Vektor $\mathfrak{A}_1$ ergibt sich aus:

$$\mathfrak{A}_1 = \lambda_1 \operatorname{grad}\varphi_1 = - H_1 \cdot \mathfrak{i}_0 \,.$$

Für das Randintegral mit Vektor $\mathfrak{A}_1$ fallen die Arbeiten auf den senkrechten Wegen 2—0 und 5—1 fort, weil $- \mathfrak{i}_0 \mathfrak{j}_0 = 0$ wird.

Für die *Saupgeriode*, Weg 3—4—5—0—3, wird der Prozeß rechtsdrehend, entsprechend dem nach dem Rechtssystem von dem „Beschauer fort" weisenden, von vorn nach hinten zeigenden Einheitsvektor $- \mathfrak{z}_0$.

$$\operatorname{rot}\mathfrak{A}_2 = [+ \mathfrak{j}_0 (+ \mathfrak{i}_0)] = [\mathfrak{j}_0 \mathfrak{i}_0] = - [\mathfrak{i}_0 \mathfrak{j}_0] = - \mathfrak{z}_0 \,.$$

Die Größe der bei der Umführung geleisteten Arbeit wird durch die umrandete Fläche:

$$H_2 \cdot Q$$

dargestellt. Die über Druck- und Saughub geleistete Arbeit wird somit:

$$A = (H_1 - H_2) \cdot Q \,. \tag{67}$$

Die normalen Flächen des flächennormalen Feldes sind bei der Kolbenpumpe die durch die Zylinderachse gelegten Meridianebenen (s. Abb. 14).

Denn die zu den $\mathfrak{A} = H \mathfrak{i}_0$-Geraden senkrecht stehenden Rotoren sind $\mathfrak{z}_0$ und das innere Produkt $\mathfrak{i}_0 \mathfrak{z}_0 = 0$. Die $\mathfrak{z}_0$-Vektoren überdecken die

Kolbenfläche, und diese ist somit Überträger der Energie. Die Äquipotentialflächen für $\lambda = H =$ konst. sind die Ebenen senkrecht zur
Schwerkraftrichtung, die Äquipotentialflächen für $\varphi = Q =$ konst. sind
die senkrecht zur Zylinderachse stehenden Querschnittebenen. Sie mar-
kieren die jeweilige Kolbenstellung. Der Kolben wandert von einer φ-

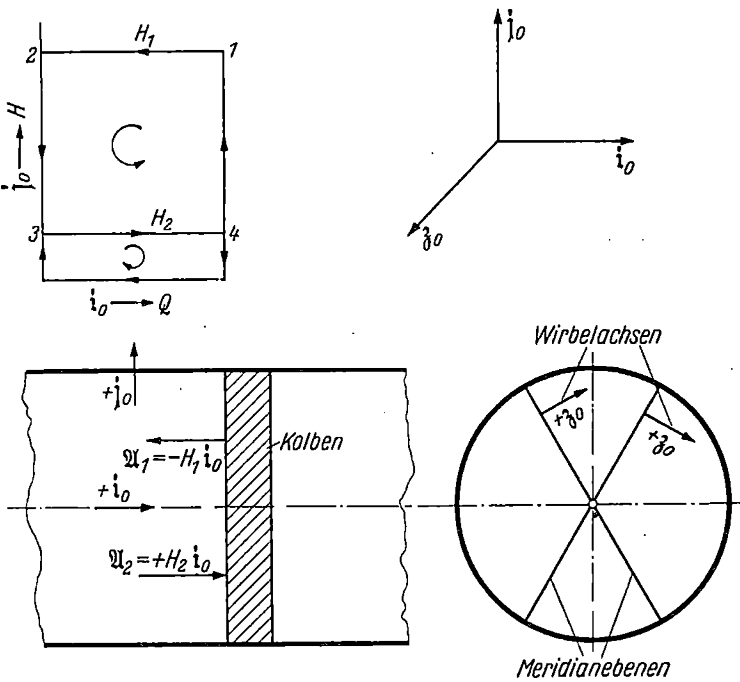

Abb. 14. Wirbelachse δ_0 senkrecht zu Meridianebenen bei der Kolbenpumpe

Stellung zur anderen, beim Druckhub unter der Förderhöhe $\lambda = H_1$,
beim Saughub unter der Saughöhe $\lambda = H_2$. Würde im Rückhub wieder
$\lambda = H_1$ sein, so käme keine Arbeitsleistung zustande. Erst dadurch, daß
$\lambda = H_2 < \lambda = H_1$ ist, muß Arbeit insgesamt geleistet werden. Der Vorgang wäre *umkehrbar* für $\lambda_1 = H_1$ und $\lambda_2 = H_1$, er wird *nicht umkehrbar*
für $\lambda_1 = H_1 > \lambda_2 = H_2$. Das Differential der Arbeit

$$dA = H\,dQ$$

ist ein unvollständiges; ein vollständiges würde es werden, wenn $Q\,dH$
hinzugefügt würde:

$$H\,dQ + Q\,dH = d(QH)\,.$$

Dann aber würde Anfangszustand und Endzustand denselben Wert
haben und $d(QH) = 0$ und $Q \cdot H =$ konst. sein. Dies wäre oben der Fall

für $\lambda_1 = H_1 = \lambda_2 = H_1$. Wichtig für die Arbeitsleistung ist also gerade die Differenz ΔH und die dadurch entstehende Wirbelbildung mit rot $\mathfrak{A} = [\operatorname{grad} \lambda \operatorname{grad} \varphi] > 0$.

e) Die Wirbelfläche am Blattrührer in der chemischen Industrie

Auf Abb. 15 ist ein Gefäß mit einem Blattrührer schematisch skizziert. Ein zylindrisches Gefäß habe den Durchmesser D, die zylindrische Höhe H und besitze zur Erzielung eines guten Rühreffektes einen *Blattrührer* von der Breite 2 r_1 und der Höhe h. Die Rührwelle drehe sich mit

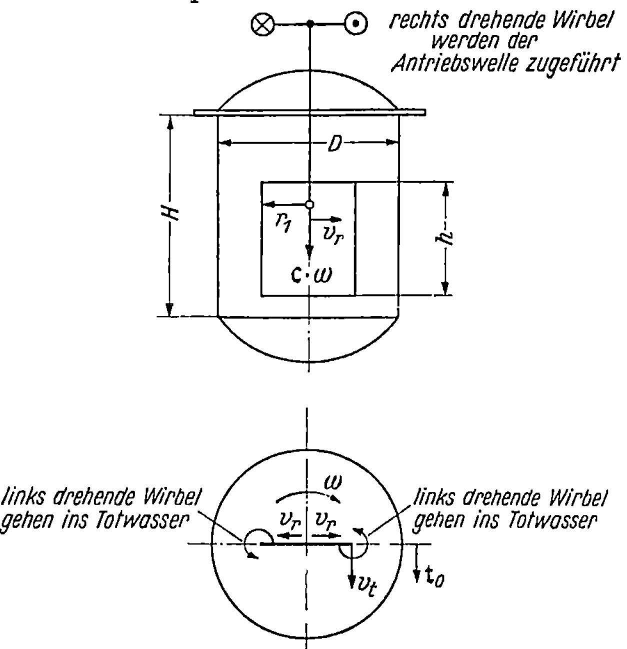

Abb. 15. Erklärungsskizze zum Blattrührer

einer Winkelgeschwindigkeit ω, von oben gesehen rechtsdrehend. Die Tangentialgeschwindigkeit irgendeines Punktes des Rührblattes werde mit $v_t = r\,\omega$ bezeichnet, die radial gerichtete Relativgeschwindigkeit der Flüssigkeit entlang des Blattes sei v_r. Wenn auch am oberen und unteren Teil der Rührfläche axial gerichtete Relativgeschwindigkeiten auftreten können, sollen hier doch nur zur Vereinfachung der Darstellung radial nach außen gerichtete Relativgeschwindigkeiten v_r Berücksichtigung finden. Man könnte sich dies dadurch verwirklicht denken, daß die Oberkante des Rührers noch oberhalb der gerührten Flüssigkeit liegt und die Unterkante dicht am Boden des Gefäßes anliegt. Bei einer solchen idealisierten Anordnung können naturgemäß über die Ober- und Unterkante des Rührblattes keine Ablaufwirbel ins Totwasser abschwimmen.

Auf Abb. 16 sind für ein Massenteilchen in der Flüssigkeit die beiden Beschleunigungsdiagramme gezeichnet.

Die absolute Beschleunigung b eines Massenteilchens m setzt sich bekanntlich zusammen aus der sogenannten „Fahrzeugbeschleunigung" b_f, d. i. die Beschleunigung des Punktes des Blattrührers, an dem sich m

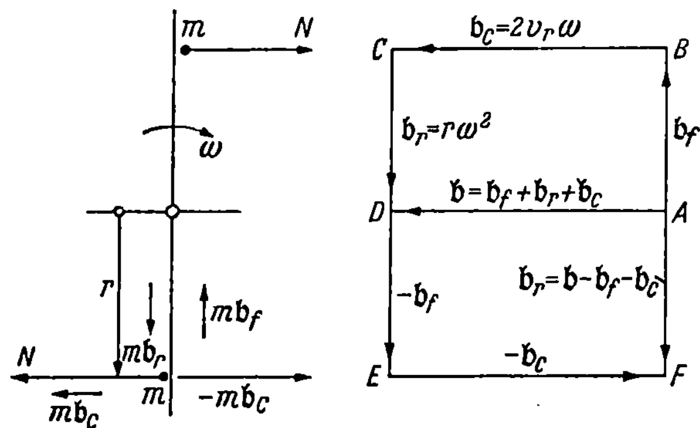

Abb. 16. Beschleunigungsdiagramme für Blattrührer

gerade befindet, aus der Relativbeschleunigung b_r des Flüssigkeitsteilchens m und aus der CORIOLISbeschleunigung b_c. In dem oberen Diagramm $ABCD$ ist:

$$b = b_f + b_c + b_r \,. \tag{68}$$

Setzt man hierin ein:

$$\left.\begin{aligned}
b_f &= r\,\omega^2\,,\\
b_c &= +\,2\,v_r\,\omega\,,\\
b_r &= -\,r\,\omega^2\,,\\
b &= r\,\omega^2 - r\,\omega^2 + 2\,v_r\,\omega = 2\,v_r\,\omega\,.
\end{aligned}\right\} \tag{68a}$$

Das untere Diagramm $ADEF$ stellt die gegenseitigen Beziehungen für die scheinbare Beschleunigung b_r der Relativbewegung und für die Ergänzungsbeschleunigungen dar. Die scheinbare (relative) Beschleunigung b_r ergibt sich als die geometrische Summe aus der absoluten Beschleunigung b und den beiden Ergänzungsbeschleunigungen $-\,b_f$ und $-\,b_c$ der scheinbaren Bewegung:

$$b_r = b - b_f - b_c \,. \tag{69}$$

Wie man aus Abb. 16 erkennt, muß sein:

$$b = b_c = 2\,v_r\,\omega$$

und die an dem Flüssigkeitsteilchen wirkende *wirklich* vorhandene Kraft ist:

$$N = m\,b_c = 2\,m\,v_r\,\omega\,. \tag{70}$$

Der bei der Drehung dem Flüssigkeitsmassenpunkt folgende Teil des Rührblattes treibt also den Punkt m vor sich her. In Gl. (70) ist nur noch die Relativgeschwindigkeit v_r unbekannt. Man errechnet diese am einfachsten aus dem Satz vom Arbeitsvermögen. Von den drei Kräften $m\,\mathfrak{b}$, $m\,\mathfrak{b}_f$ und $m\,\mathfrak{b}_c$ verrichtet bei der scheinbaren Bewegung nur die Relativkraft $m\,\mathfrak{b}_r$, die hier gleich der Zentrifugalkraft $C = m\,r\omega^2$ ist, Arbeit entlang der Elementarstrecke dr auf dem Rührblatt:

$$dA = m\,r\,\omega^2\,dr \ . \tag{71}$$

Hatte der Massenpunkt zur Zeit $t = 0$ den Abstand $r = r_0$ von der Drehachse und die Relativgeschwindigkeit längs des Rührblattes $v_r = v_{r0}$, so ist:

$$\frac{m\,v_r^2}{2} - \frac{m\,v_{r0}^2}{2} = m\,\omega^2 \int\limits_{r\,=\,r_0}^{r\,=\,r} r\,dr = m\,\omega^2\,\frac{r^2 - r_0^2}{2} \ . \tag{72}$$

Man findet also:

$$v_r = \sqrt{v_{r0}^2 + \omega^2\,(r^2 - r_0^2)} \ . \tag{73}$$

Das Bewegungsgesetz entlang der Rührblattfläche kann man unmittelbar aus der dynamischen Grundgleichung

$$\frac{d^2 r}{dt^2} = r\,\omega^2 \tag{74}$$

erhalten zu:

$$r = C_1\,\mathfrak{Cof}\,(\omega\,t) + C_2\,\mathfrak{Sin}\,(\omega\,t) \ , \tag{75}$$

$$\frac{dr}{dt} = v_r = C_1\,\omega\,\mathfrak{Sin}\,(\omega\,t) + C_2\,\omega\,\mathfrak{Cof}\,(\omega\,t) \tag{76}$$

für $t = 0$ mit $r = r_0$ und $v_r = v_{r0}$ wird:

$$r = r_0 = C_1\,,$$

$$v_r = v_{r0} = C_2\,\omega \ .$$

Somit wird:

$$r = r_0\,\mathfrak{Cof}\,(\omega\,t) + \frac{v_{r0}}{\omega} \cdot \mathfrak{Sin}\,(\omega\,t) \ , \tag{77}$$

$$v_r = r_0\,\omega\,\mathfrak{Sin}\,(\omega\,t) + v_{r0}\,\mathfrak{Cof}\,(\omega\,t) \ . \tag{78}$$

In der Rührerachse besitzen r und v_r asymptotische Nullpunkte, d. h. r_0 und v_{r0} können zwar sehr kleine Werte annehmen, aber nie zu Null werden, denn sonst wäre $C_1 = 0$, $C_2 = 0$ und immer $r = 0$ und $v_r = 0$. Der Beitrag der am Flüssigkeitselement dm am Hebelarm r angreifenden Normalkraft $dN = 2\,dm\,v_r\,\omega$ zum Drehmoment ist:

$$dM = 2\,dm\,v_r\,r\,\omega \ .$$

Die sekundliche Arbeitsleistung beträgt

$$dM \cdot \omega = 2\, dm\, v_r\, r\, \omega^2 \ .$$

Da das Rührblatt beiderseits der Rührerwelle auf die Flüssigkeit drückt, wird die Leistung

$$dA = 2\, dM\, \omega = 4\, dm\, v_r\, r\, \omega^2 \ .$$

Das Elementarteilchen dm wird nun durch den Elementar-Hohlzylinder dargestellt:

$$dm = 2\, r\, \pi\, dr \cdot h \cdot \frac{\gamma}{g} \ .$$

Somit wird:

$$dA = 4 \cdot 2\, r\, \pi\, dr\, h\, \frac{\gamma}{g} \cdot v_r\, r\, \omega^2 \ .$$

Die Integration erfolgt von $r = r_0$ bis $r = r_1$:

$$A = 8\, \pi\, h\, \frac{\gamma}{g}\, \omega^2 \int\limits_{r\,=\,r_0}^{r\,=\,r_1} v_r\, r^2\, dr \ .$$

Setzt man hierin noch aus Gl. (73) v_r ein, so wird:

$$A = 8\, \pi\, h\, \frac{\gamma}{g}\, \omega^2 \int\limits_{r=r_0}^{r=r_1} r^2\, dr\, \sqrt{v_{r0}^2 + \omega^2\,(r^2 - r_0^2)} = 8\, \pi\, h\, \frac{\gamma}{g}\, \omega^2 \cdot I \ . \tag{79}$$

Das bestimmte Integral I zwischen den Grenzen r_0 und r_1 erhält den Wert

$$I = \frac{\omega}{8}\left[r_1\left(\frac{v_{r0}^2}{\omega^2} + 2\,r_1^2 - r_0^2\right)\sqrt{\frac{v_{r0}^2}{\omega^2} + r_1^2 - r_0^2}\right.$$

$$\left. - r_0\left(\frac{v_{r0}^2}{\omega^2} + r_0^2\right)\frac{v_{r0}}{\omega}\right] - \frac{\omega}{8}\left(\frac{v_{r0}^2}{\omega^2} - r_0^2\right)^2 \cdot \lg \frac{r_1 + \sqrt{\frac{v_{r0}^2}{\omega^2} + r_1^2 - r_0^2}}{r_0 + \frac{v_{r0}}{\omega}} \ . \tag{80}$$

Wird für sehr kleine Werte von r_0 die Geschwindigkeit $v_{r0} = r_0\omega$ gesetzt, so ergibt sich aus Gl. (80)

$$I = \frac{2\,\omega}{8}\,(r_1^4 - r_0^4) - \frac{\omega}{8} \cdot 0\ , \qquad I = \frac{\omega}{4}\,(r_1^4 - r_0^4) \ .$$

Ist r_0 gegen r_1 zu vernachlässigen, so wird:

$$I = \frac{\omega\, r_1^4}{4} \ .$$

Aus Gl. (79) wird dann:

$$A = 8\, \pi\, h\, \frac{\gamma}{g}\, \omega^2 \cdot \frac{\omega\, r_1^4}{4} = 2\, \pi\, h\, \frac{\gamma}{g}\, \omega^3\, r_1^4 \ . \tag{81}$$

Die Arbeitsleistung A hat den durch Gl. (81) angegebenen Betrag nur dann, wenn auf der im Totwasser liegenden Rückseite des Rührblattes keine Gegenbeaufschlagung durch zurückströmende Flüssigkeit erfolgt. Wäre nämlich die Rückströmung auf dieser Seite genau so groß wie die Strömung auf der Vorderseite, dann wäre $A = 0$. Wie nun diese Rückströmung stattfindet, ist von der Zähigkeit der Flüssigkeit abhängig. Daher muß in Gl. (81) ein Koeffizient ζ eingeführt werden, der eine Funktion der REYNOLDSschen Zahl $Re = v_t \cdot \dfrac{2\,r_1}{\nu}$ ist. ν bedeutet hierbei die kinematische Zähigkeit. Gl. (81) muß deshalb geschrieben werden:

$$A = \zeta \cdot 2\,\pi\,h\,\frac{\gamma}{g}\,\omega^3\,r_1^4 \,. \tag{82}$$

Setzt man noch ein für:

$$\omega^3 = \left(\frac{\pi\,n}{30}\right)^3$$

und

$$r_1^4 = \left(\frac{d_1}{2}\right)^4 = \frac{d_1^4}{16} \qquad (d_1 = \text{Rührblattbreite})\,,$$

so erhält man bei Zusammenziehung aller konstanten Größen zu einer Konstanten c_1:

$$c_1 = \frac{\zeta \cdot 2\,\pi \cdot \pi^3}{g \cdot 30^3 \cdot 16}\,, \qquad A = c_1\,h\,d_1^4 \cdot n^3 \cdot \gamma \tag{83}$$

die in der Praxis für Blattrührer mit Erfolg benützte Formel, die auch aus dem Ähnlichkeitsprinzip abgeleitet werden kann, die aber dann natürlich einen nicht so tiefen Einblick in die kinematischen Beziehungen gestattet [7].

Auch hier kann man mittels vektoranalytischer Ansätze beweisen, daß das energieübertragende Rührblatt eine Wirbelfläche darstellt und die eigentlichen Energieträger die Wirbel sind. Auch hier sollen die drei Einheitsvektoren $\mathfrak{r}_0$, $\mathfrak{t}_0$, $\mathfrak{z}_0$ gemäß Abb. 17 ein *Rechtssystem* bilden.

Das heißt: Die Drehung der $\mathfrak{r}_0$- gegen die $\mathfrak{t}_0$-Achse und die Fortschreitung in Richtung der $\mathfrak{z}_0$-Achse bestimmen zusammen eine *Rechtsschraube*. Aus Zweckmäßigkeitsgründen zeigt die positive $\mathfrak{z}_0$-Achse von oben nach unten.

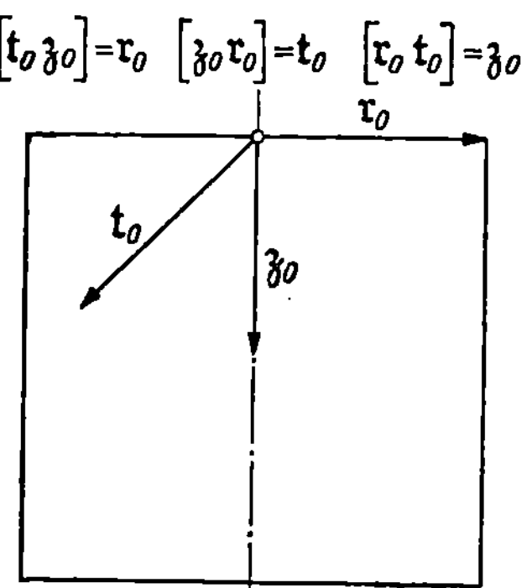

Abb. 17. Rechtssystem $\mathfrak{r}_0\,\mathfrak{t}_0\,\mathfrak{z}_0 = 1$ für Abb. 15 und 16

$$[\mathfrak{t}_0\,\mathfrak{z}_0] = \mathfrak{r}_0\,, \qquad [\mathfrak{z}_0\,\mathfrak{r}_0] = \mathfrak{t}_0\,, \qquad [\mathfrak{r}_0\,\mathfrak{t}_0] = \mathfrak{z}_0$$

Die in die positive Richtung $\mathfrak{t}_0$ fallende Komponente der Elementar-Normalkraft dN (Abb. 16) ist nach Gl. (70):

$$dN = 2\,v_r\,\omega\,dm \,.$$

Beachtet man, daß im vorliegenden Rechtssystem gemäß Abb. 17 der axiale Wirbelvektor $\mathfrak{w}_z$ die Größe hat:

$$\mathfrak{w}_z = \frac{1}{r} \cdot \frac{\partial(v_t\, r)}{\partial r} = \frac{1}{r} \cdot \frac{\partial(r^2\, \omega)}{\partial r} = 2\,\omega\;.$$

Beachtet man ferner, daß:

$$d\mathfrak{N} = \mathfrak{t}_0\, dN\;,$$

$$\mathfrak{v}_r = \mathfrak{r}_0\, v_r\;,$$

$$\mathfrak{w} = \mathfrak{w}_z = \mathfrak{z}_0\, 2\,\omega$$

ist, so kann die Elementar-Normalkraft auch ausgedrückt werden durch:

$$d\mathfrak{N} = dm\,[\mathfrak{w} \cdot \mathfrak{v}_r]\;. \tag{84}$$

Da auf beiden Seiten des Rührblattes die Elementar-Normalkraft $d\mathfrak{N}$ wirksam ist, so ist das durch die Welle vom Antriebsmotor zu übertragende Elementar-Drehmoment:

$$d\mathfrak{M}_d = d\,(M_d \cdot \mathfrak{z}_0) = 2\,[\mathfrak{r}\, d\mathfrak{N}] = 2\,dm\,[\mathfrak{r}[\mathfrak{w}\,\mathfrak{v}_r]]\;. \tag{85}$$

Die skalare Größe dA der Elementarleistung stellt das innere Produkt von $dM_d \cdot \dfrac{\mathfrak{w}}{2} = dM_d \cdot \omega$ dar, also:

$$dA = d\mathfrak{M}_d \cdot \frac{\mathfrak{w}}{2} = dm\,\mathfrak{w}\,[\mathfrak{r}[\mathfrak{w}\,\mathfrak{v}_r]]$$

und somit wird der Differentialquotient:

$$\frac{dA}{dm} = \mathfrak{w}\,[\mathfrak{r}[\mathfrak{w}\,\mathfrak{v}_r]]\;. \tag{86}$$

Die Auflösung des doppelten äußeren Produktes geschieht nach dem Entwicklungssatz [8]:

$$[\mathfrak{r}[\mathfrak{w}\,\mathfrak{v}_r]] = \mathfrak{w} \cdot \mathfrak{r}\,\mathfrak{v}_r - \mathfrak{v}_r \cdot \mathfrak{r}\,\mathfrak{w}\;.$$

Im vorliegenden Fall ist das innere Produkt $\mathfrak{r}\,\mathfrak{w} = 0$, weil $\mathfrak{r}$ auf $\mathfrak{w}$ senkrecht steht. Somit ist:

$$[\mathfrak{r}[\mathfrak{w}\,\mathfrak{v}_r]] = \mathfrak{w} \cdot \mathfrak{r}\,\mathfrak{v}_r = \mathfrak{z}_0\, 2\,\omega \cdot r\,v_r$$

und

$$\frac{dA}{dm} = \mathfrak{z}_0\, 2\,\omega \cdot \mathfrak{z}_0\, 2\,\omega\, r\, v_r = 4\,\omega^2\, r\, v_r\;. \tag{87}$$

Betrachtet man die Tangentialgeschwindigkeit $\mathfrak{v}_t$ *allein*, die mit der Elementar-Normalkraft $d\mathfrak{N}$ zusammen das innere Produkt der Elementar-Arbeitsleistung $dA = d\mathfrak{N} \cdot \mathfrak{v}_t$ ergibt, so erhält man für den rot $\mathfrak{v}_t$ im Rechtssystem der Abb. 17 mit $v_r = 0$ und $v_z = 0$:

$$\text{rot}\,\mathfrak{v}_t = \frac{1}{r}\begin{vmatrix} \mathfrak{r}_0 & r\,\mathfrak{t}_0 & \mathfrak{z}_0 \\ \dfrac{\partial}{\partial r} & \dfrac{\partial}{\partial \psi} & \dfrac{\partial}{\partial z} \\ 0 & r\,v_t & 0 \end{vmatrix} = \frac{1}{r} \cdot \frac{\partial(r\,v_t)}{\partial r} \tag{88}$$

oder da $v_t = r\,\omega$ ist,

$$\operatorname{rot} \mathfrak{v}_t = \frac{1}{r} \cdot \frac{\partial (r^2\,\omega)}{\partial r}\,\mathfrak{z}_0 = 2\,\omega\,\mathfrak{z}_0\,.$$

Da nun $\operatorname{rot} \mathfrak{v}_t$ in die Richtung der positiven $\mathfrak{z}_0$-Achse (nach Abb. 17) fällt und $\mathfrak{v}_t$ senkrecht zur $\mathfrak{z}_0$-Achse steht, gilt:

$$\mathfrak{v}_t\,\operatorname{rot} \mathfrak{v}_t = 0\,.$$

Dies ist aber die notwendige und hinreichende Bedingung für ein *flächennormales wirbelhaftes* Feld des Feldvektors $\mathfrak{v}_t$. Demnach muß sich $\mathfrak{v}_t$ auch darstellen lassen als

$$\lambda\,\operatorname{grad} \varphi = \mathfrak{v}_t = \mathfrak{t}_0 \cdot r\,\omega\,. \tag{89}$$

Ferner muß sich $\operatorname{rot} \mathfrak{v}_t$ darstellen lassen als:

$$\operatorname{rot} \mathfrak{v}_t = [\operatorname{grad} \lambda\,\operatorname{grad} \varphi] = \mathfrak{z}_0 \cdot 2\,\omega\,. \tag{90}$$

Aus Gl. (89) und (90) folgt:

$$\mathfrak{z}_0 \cdot 2\,\omega = [\operatorname{grad} \ln \lambda \cdot \mathfrak{t}_0\,r\,\omega]\,.$$

Hiernach muß $\operatorname{grad} \ln \lambda$ die Richtung von $\mathfrak{r}_0$ haben, da ja $[\mathfrak{r}_0\,\mathfrak{t}_0] = \mathfrak{z}_0$ ist, also:

$$\operatorname{grad} \ln \lambda = \mathfrak{r}_0 \cdot \frac{\partial (\ln \lambda)}{\partial r}\,.$$

Hieraus findet man:

$$\lambda = r^2\,C \qquad (C = \text{Integrationskonstante})\,. \tag{91}$$

Aus Gl. (89) findet man:

$$\mathfrak{t}_0\,r\,\omega = r^2\,C\,\operatorname{grad} \varphi\,.$$

$\operatorname{grad} \varphi$ kann demnach nur die tangentiale Richtung besitzen:

$$\operatorname{grad} \varphi = \mathfrak{t}_0 \cdot \frac{r\,\omega}{r^2\,C} = \mathfrak{t}_0 \cdot \frac{\omega}{r\,C}\,.$$

Nun ist aber:

$$\operatorname{grad} \varphi = \frac{1}{r} \cdot \frac{\partial \varphi}{\partial \psi} \cdot \mathfrak{t}_0 = \mathfrak{t}_0 \cdot \frac{1}{r}\,.$$

Durch Vergleich findet man:

$$\frac{\partial \varphi}{\partial \psi} = \frac{\omega}{C}\,.$$

Für $\varphi = \psi$ wird die Integrationskonstante

$$C = \omega\,.$$

Das heißt also:

$$\lambda = r^2\,\omega\,. \tag{92}$$

$$\varphi = \psi = \omega\,t = \text{Drehwinkel}\,. \tag{93}$$

Wie auf Abb. 18 gezeigt, sind die λ-Linien Kreise und die φ-Linien Radiusvektoren im Schnitt.

Somit sind für das gesamte Rührblatt die λ-Flächen Kreiszylinder und die φ-Flächen Meridianebenen. Diese sind die Flächen, auf denen der Feldvektor $\mathfrak{v}_t = \mathfrak{t}_0 \, \mathfrak{v}_t$ senkrecht steht, die Stromflächen. Tangential

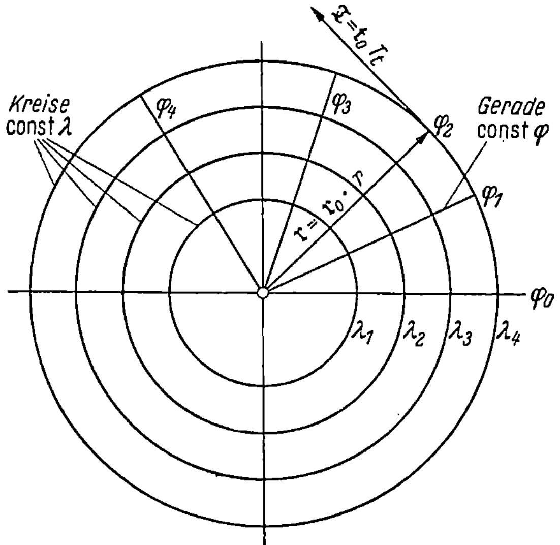

Abb. 18. λ- und φ-Linien für den Blattrührer.
Auf Kreisen um O ist $\lambda =$ konst.   Auf Radien durch O ist $\varphi =$ konst.

zu ihnen verlaufen die Feldvektoren $\mathfrak{v}_t$ auf den Kreiszylindern. Die Flüssigkeitsteilchen bewegen sich auf dem Rührblatt als Normalfläche von einem λ-Zylinder zum anderen und erhöhen hierbei ihre Geschwindigkeitsenergie. Aus Gl. (92) und (93) ergibt sich:

$$\operatorname{grad} \lambda = \mathfrak{r}_0 \cdot \frac{\partial (r^2 \, \omega)}{\partial r} = \mathfrak{r}_0 \cdot 2 \, r \, \omega \,,$$

$$\operatorname{grad} \varphi = \mathfrak{t}_0 \cdot \frac{\partial \varphi}{r \, \partial \psi} = \mathfrak{t}_0 \cdot \frac{1}{r} \,,$$

$$\operatorname{rot} \mathfrak{v}_t = [\operatorname{grad} \lambda \; \operatorname{grad} \varphi] = \left[\mathfrak{r}_0 \cdot 2 \, r \, \omega \cdot \mathfrak{t}_0 \cdot \frac{1}{r} \right].$$

$$= [\mathfrak{r}_0 \, \mathfrak{t}_0] \, 2 \, \omega = \mathfrak{z}_0 \, 2 \, \omega \,.$$

Der Feldvektor $\mathfrak{v}_t$ läßt sich darstellen als:

$$\mathfrak{v}_t = \lambda \operatorname{grad} \varphi = r^2 \, \omega \cdot \mathfrak{t}_0 \cdot \frac{1}{r} = \mathfrak{t}_0 \cdot r \, \omega \,.$$

Durch Division von $\mathfrak{v}_t$ mit dem *integrierenden Nenner* $\lambda = r^2 \, \omega$ wird der Vektor $\mathfrak{v}_t$ zum Gradienten, das Feld wird zum wirbelfreien Feld mit

$$\operatorname{grad} \varphi = \frac{\mathfrak{v}_t}{\lambda} = \frac{\mathfrak{t}_0 \cdot r \, \omega}{r^2 \, \omega} = \mathfrak{t}_0 \cdot \frac{1}{r} \,.$$

Physikalisch gesehen, stellt $\lambda = r^2 \omega = r(r\,\omega)$ die Impulsgröße oder den Drall der Masse 1 in bezug auf die Drehachse dar. Nach Gl. (90) ist

$$\mathfrak{w} = \operatorname{rot} \mathfrak{v}_t = \mathfrak{z}_0 \cdot 2\,\omega = [\operatorname{grad} \lambda \, \operatorname{grad} \varphi]$$

der im Sinne des Rechtssystems nach Abb. 17 von oben gesehene rechtsdrehende Antriebswirbel. Man muß sich diesen Antriebswirbel als Summenwirbel aller einzelnen über die Rührblattfläche verteilten axialen Einzelwirbel vorstellen. Ein einzelner solcher Wirbelfaden liefert zusammen mit der Relativgeschwindigkeit $\mathfrak{v}_r$ die einzige an dem Elementar-Flüssigkeitsteilchen *wirklich* angreifende Elementar-Kraft:

$$d\mathfrak{R} = dm\,[\mathfrak{w}\,\mathfrak{v}_r]\,.$$

Die dieser entgegengesetzte Trägheitskraft

$$d\mathfrak{R}' = -\,dm\,[\mathfrak{w}\,\mathfrak{v}_r]$$

ist die zweite Zusatzkraft (oder CORIOLISkraft) der Relativbewegung der dem Rührblatt entlang strömenden Flüssigkeit. Während die erste Zusatzkraft

$$C = dm\,r\,\omega^2\,,$$

die von innen nach außen gerichtete Zentrifugalkraft, das Flüssigkeitsteilchen auf seiner Relativbahn beschleunigt und $\mathfrak{v}_r$ erhöht, drückt die zweite Zusatzkraft

$$d\mathfrak{R}' = -\,dm\,[\omega\,\mathfrak{v}_r]$$

das Flüssigkeitsteilchen dm auf seine Relativbahn. Man kann nun auch dieses $d\mathfrak{R}'$ in der Form anschreiben

$$d\mathfrak{R}' = -\,d\mathfrak{R} = dm\,[(-\,\mathfrak{w})\,\mathfrak{v}_r]$$

und erkennt hieraus, daß entlang der ebenen Rührerfläche negative Wirbel

$$-\,\omega = -\,\mathfrak{z}_0 \cdot 2\,\mathfrak{w}$$

auftreten, die an der Außenkante des Blattes mit ihrer Energie in das Totwasser abschwimmen. Die energieübertragende Rührerfläche ist also eine Wirbelfläche, über die, drastisch ausgedrückt, die die Energie besitzenden geraden, axialgerichteten Wirbel wie „*Stricknadeln*" hinwegrollen und im Totwasser ihre Energie abgeben. In der obigen Darstellung war zur Vereinfachung vorausgesetzt worden, daß an den senkrecht zur Achse gerichteten Ober- und Unterkanten des Rührblattes keine Flüssigkeit in das Totwasser tritt. Trifft diese Voraussetzung nicht zu und kann sowohl oben als auch unten Flüssigkeit übertreten, so bilden sich außerdem noch Wirbel mit radial gerichteter Achse aus, die an dem Rührer die bekannten *sekundären* Zirkulationsströmungen in einem oberen Kreislauf von oben nach unten und in einem unteren Kreislauf von unten nach oben verursachen.

f) Die Wirbelfläche bei den Wasserturbinen

Ganz kurz soll noch gezeigt werden, daß auch bei den Wasserturbinen
die energieübertragende Fläche der Laufradschaufel eine Wirbelfläche
ist und daß auch für sie gilt

$$\mathfrak{v} \operatorname{rot} \mathfrak{v} = 0 . \tag{94}$$

Man geht auch hier zweckmäßigerweise vom Drehmoment M aus. Zur
Berechnung dieses benutzt man den Flächensatz:

$$M = \frac{dB}{dt} . \tag{95}$$

Hierin bedeutet M das Drehmoment um die Turbinenwelle und $B = m\, v_t\, r$
den Drall. Für den vorliegenden Fall betrachtet man die Änderung des
Dralles B eines Wasserteilchens vom Volumenelement $d\tau$ zwischen
zwei kurz aufeinander folgenden Zeitteilchen und integriert dann über
das ganze Laufrad. Man erhält auf diese Weise:

$$M = \frac{\gamma}{g} \int \frac{d(v_t\, r)}{dt} \cdot d\tau . \tag{96}$$

In dieser Formel bedeuten:

$$\gamma \quad \text{spezifisches Gewicht in kg/m}^3$$
$$g \quad \text{Erdbeschleunigung in m/sek}^2$$
$$d\tau \quad \text{Volumenelement in m}^3$$
$$v_t \quad \text{Tangentialgeschwindigkeit in m/sek}$$
$$r \quad \text{Halbmesser für } d\tau \text{ in m .}$$

Für die weitere Behandlung ist es zweckmäßig, ein Turbinenlaufrad
mit lotrechter Welle vorauszusetzen und die positive Richtung der Z-
Achse nach abwärts (von Oberseite Laufrad nach unten) zu rechnen. Da
die Wassermassen symmetrisch um die Laufradachse verteilt sein müssen,
so werden die Wirbelkomponenten unabhängig von dem Drehwinkel ψ.
Die zu benutzenden Werte lauten demnach:

radial gerichteter Wirbel:

$$w_r = \frac{\partial v_t}{\partial z} \qquad \text{a)}$$

tangential gerichteter Wirbel:

$$w_t = \frac{\partial v_z}{\partial r} - \frac{\partial v_r}{\partial z} \qquad \text{b)} \tag{97}$$

axial gerichteter Wirbel:

$$w_z = - \frac{1}{r} \cdot \frac{\partial(v_t\, r)}{\partial r} \qquad \text{c)}$$

Das Geschwindigkeitsmoment $(v_t\, r)$ ist nun eine Funktion der beiden
unabhängigen Veränderlichen r und z. Das vollständige Differential von
$(v_t\, r)$ wird somit:

$$d(v_t\, r) = \frac{\partial(v_t\, r)}{\partial r} \cdot dr + \frac{\partial(v_t\, r)}{\partial z} \cdot dz .$$

Die Veränderlichkeit mit der Zeit t:

$$\frac{d(v_t\,r)}{dt} = \frac{\partial(v_t\,r)}{\partial r} \cdot \frac{dr}{dt} + \frac{\partial(v_t\,r)}{\partial z} \cdot \frac{dz}{dt}\,.$$

Setzt man in diese Gleichung ein:

$$\frac{dr}{dt} = v_r$$

und

$$\frac{dz}{dt} = v_z\,,$$

so wird:

$$\frac{d(v_t\,r)}{dt} = v_r \cdot \frac{\partial(v_t\,r)}{\partial r} + v_z \cdot \frac{\partial(v_t\,r)}{\partial z}\,.$$

Hiermit errechnet sich das Drehmoment M zu:

$$M = \frac{\gamma}{g} \int \left(v_r \cdot \frac{\partial(v_t\,r)}{\partial r} + v_z \cdot \frac{\partial(v_t\,r)}{\partial z} \right) d\tau\,. \tag{98}$$

Führt man in diese Gleichung die Wirbelkomponenten von Gl. (97) ein, so wird:

$$\frac{\partial(v_t\,r)}{\partial r} = -\,r\,w_z\,, \qquad \frac{\partial(v_t\,r)}{\partial z} = +\,r\,w_r\,.$$

Hiermit geht dann Gl. (98) für das Drehmoment über in:

$$M = \frac{\gamma}{g} \int (v_z\,w_r - v_r\,w_z)\,r\,d\tau\,. \tag{99}$$

$(v_z\,w_r - v_r\,w_z)$ ist nun nicht anderes als die *Tangentialkomponente* des äußeren Produktes:

$$[\mathfrak{v}\,\mathfrak{w}]\,.$$

Durch Entwickeln dieses Ausdrucks kann man sich leicht davon überzeugen. Es ist, wie in den Lehrbüchern über Vektorrechnung nachgelesen werden kann:

$$[\mathfrak{v}\,\mathfrak{w}] = \begin{vmatrix} \mathfrak{r}_0 & \mathfrak{t}_0 & \mathfrak{z}_0 \\ v_r & v_t & v_z \\ w_r & w_t & w_z \end{vmatrix}\,. \tag{100}$$

Löst man die Determinante auf, so wird:

$$[\mathfrak{v}\,\mathfrak{w}] = \mathfrak{r}_0\,(v_t\,w_z - v_z\,w_t) + \mathfrak{t}_0\,(v_z\,w_r - v_r\,w_z) + \mathfrak{z}_0\,(v_r\,w_t - w_r\,v_t)\,. \tag{101}$$

$[\mathfrak{v}\,\mathfrak{w}]$ hat die Dimension $[m\ \mathrm{sek}^{-2}]$ und stellt die durch $\mathfrak{v}$ und $\mathfrak{w}$ hervorgebrachte Beschleunigung dar. Von den drei Beschleunigungskomponenten liefern die in die $\mathfrak{r}_0$-Richtung und die in die $\mathfrak{z}_0$-Richtung fallenden keinen Beitrag zum Drehmoment um die Drehachse, denn die $\mathfrak{r}_0$-Komponente besitzt keinen Hebelarm und die $\mathfrak{z}_0$-Komponente besitzt ebenfalls keinen Hebelarm und wirkt nur auf Verbiegen der Achse. Sie liefert also nur Drücke im oberen und unteren Laufradwellenlager. Daher kann im Drehmoment M nach Gl. (99) nicht der Tangentialwirbel w_t erscheinen. Er ist aber an sich nicht Null, wie man früher [2] zuweilen annahm. Betrachtet man das äußere Produkt

$$[\mathfrak{v}\,\mathfrak{w}]$$

näher, so erkennt man, daß es seinen größten Betrag $(v \cdot w)$ dann annimmt, wenn $\mathfrak{v}$ senkrecht zu $\mathfrak{w}$ steht. Die Turbinenschaufelkonstruktion sollte demnach so ausgeführt sein, daß $\mathfrak{v}$ auf $\mathfrak{w}$ senkrecht steht. Hat der Wirbelvektor $\mathfrak{w}$ etwa eine Komponente $\mathfrak{w}_\mathfrak{v}$ in Richtung von $\mathfrak{v}$ und eine $\mathfrak{w}_s$ senkrecht zu $\mathfrak{v}$, so ist wegen

$$\mathfrak{w} = \mathfrak{w}_s + \mathfrak{w}_\mathfrak{v}$$

$$[\mathfrak{v}\,\mathfrak{w}] = [\mathfrak{v}\,(\mathfrak{w}_s + \mathfrak{w}_\mathfrak{v})] = [\mathfrak{v}\,\mathfrak{w}_s] + [\mathfrak{v}\,\mathfrak{w}_\mathfrak{v}] = [\mathfrak{v}\,\mathfrak{w}_s] + 0\,.$$

$[\mathfrak{v}\,\mathfrak{w}_\mathfrak{v}] = 0$, weil $\mathfrak{v}$ und $\mathfrak{w}_\mathfrak{v}$ die gleiche Richtung haben. Das heißt aber: Die in die Richtung von $\mathfrak{v}$ fallende Wirbelkomponente trägt nichts zu $[\mathfrak{v}\,\mathfrak{w}]$ bei. Sie verdirbt nur den Wirkungsgrad der Schaufel. Mit anderen Worten ist für eine einwandfreie Schaufelfläche:

$$\mathfrak{v} \perp \mathfrak{w}$$

oder auch

$$\mathfrak{v} \cdot \mathfrak{w} = \mathfrak{v} \cdot \operatorname{rot} \mathfrak{v} = 0\,. \tag{102}$$

Der Geschwindigkeitsvektor $\mathfrak{v}$ gehört einem flächennormalen, wirbelhaften Felde an und muß auf die Form gebracht werden können:

$$\mathfrak{v} = \lambda \operatorname{grad} \varphi$$

und

$$\operatorname{rot} \mathfrak{v} = [\operatorname{grad} \lambda \operatorname{grad} \varphi]\,.$$

Dies bedeutet, daß $\mathfrak{v}$ senkrecht zu den Flächen

$$\varphi = \text{konst.}$$

steht und durch Division mit dem *integrierenden* Nenner λ zum Gradienten φ wird. Wir fanden bei der Behandlung des Blattrührers, der ja eine Sonderkonstruktion einer Wasserturbinenschaufel darstellt, daß dies der Fall ist gemäß Gl. (92) und (93) für den Blattrührer:

$$\lambda = r^2\,\omega\,,$$

$$\varphi = \psi = \omega\,t = \text{Drehwinkel}\,.$$

Es ist nun die Aufgabe des geschickten Wasserturbinenkonstrukteurs, zusammen mit dem Versuchsingenieur die Strömungslinien so zu legen, daß die obige Bedingung $\mathfrak{v}\operatorname{rot}\mathfrak{v} = 0$ überall auf der Schaufel bestens erfüllt ist. Wie auch die Wasserturbinenschaufel sonst aussehen mag, sie

ist der Träger der Wirbel rot $\mathfrak{v}$, deren Richtung senkrecht zur Wirbelfläche steht. Die Geschwindigkeit $\mathfrak{v}$ liegt in der Fläche und steht senkrecht zu rot $\mathfrak{v}$.

3. Thermodynamische Beispiele

a) Allgemeine Betrachtungen

Die Anregungen zur Benutzung von flächennormalen Feldern in der
Thermodynamik haben der 1. und 2. Hauptsatz selbst gegeben. Ebenso
wie diese sind auch die flächennormalen Felder von der Natur gegebene
Tatsachen. Im Falle der Thermodynamik haben Energiebilanz- und
Wärmeübergangsbetrachtungen zu den beiden Hauptsätzen geführt, im
Falle der Differentialgeometrie haben geometrische Deutungen des voll-
ständigen und unvollständigen Differentials das anschauliche Bild des
wirbelfreien Gradientenfeldes und des flächennormalen, wirbelhaften
Feldes geschaffen. Auch hier werden in Gleichungen Bilanzen und bei der
Verwendung der Normalflächen, von denen keine mit einer anderen
Punkte gemeinsam hat, sprunghafte Übergänge betrachtet. Somit müssen
sich entsprechend den gleichen kennzeichnenden Merkmalen die Probleme der Thermodynamik wie Betrachtungen über den 1. und 2. Hauptsatz, über Entropie, integrierenden Nenner und über Kreisprozesse einfach und anschaulich mit den vektoranalytischen Hilfsmitteln durch das
flächennormale, wirbelhafte Vektorfeld darstellen lassen. Insonderheit
muß sich auch hier zeigen, daß die die Wärmeenergie übertragenden
Austauschflächen Wirbelflächen sein müssen.

b) Die Parameter λ und φ des flächennormalen Feldes

Bezeichnet man die Elementaränderung der inneren Energie beim
Übergang eines Körpers von einem beliebigen Zustand in einen anderen
mit dU, die Abgabe einer äußeren Arbeit mit dL und die für diese Energie-
änderung nötige Wärmemengenzufuhr mit dQ, so kann bekanntlich der
1. Hauptsatz in die Formel gekleidet werden:

$$dQ = dU + A\,dL\,.$$

Drückt man noch dL durch Druck P und Volumen V aus, so kann für
$dL = A\,P\,dV$ gesetzt werden, und es wird:

$$dQ = dU + A\,dL = dU + A\,P\,dV\,. \tag{103}$$

Die innere Energie ist hierbei vom Wege unabhängig, während die Arbeit
dL und somit auch die Wärmemenge dQ vom Wege abhängig sind. Mathematisch drückt sich dies dadurch aus, daß dU ein vollständiges Differential und $P\,dV$ sowie dQ unvollständige Differentiale sind. Dem unvoll-

ständigen Differential $P\,dV$ fehlt zur Ergänzung zum vollständigen Differential das Glied $V\,dP$. Denn erst dadurch wird:

$$P\,dV + V\,dP = d(PV) = \text{vollständiges Differential.}$$

Die differentialgeometrische Ausdrucksweise für diese Tatsache ist, daß in einer zeichnerischen Darstellung $U = $ konst. als Äquipotentialfläche oder Äquipotentiallinie dargestellt werden kann, während dies für Q und L nicht möglich ist. Da für ein vollkommenes Gas die Änderung dU der inneren Energie gegeben ist durch:

$$dU = G\,c_v\,dT$$

so ist $U = $ konst. zugleich auch $T = $ konst. Im P-V-Diagramm fallen also die Linien $U = $ konst. zusammen mit $T = $ konst. Das vollständige Differential von U ist:

$$dU = \frac{\partial U}{\partial V}\,dV + \frac{\partial U}{\partial P}\,dP\,. \tag{104}$$

Nach Division mit $G\,c_v$ wird:

$$dT = \frac{\partial T}{\partial V}\,dV + \frac{\partial T}{\partial P}\,dP\,. \tag{105}$$

Bei Gültigkeit des allgemeinen Gasgesetzes wird:

$$T = \frac{PV}{GR}$$

und daraus

$$\frac{\partial T}{\partial V} = \frac{P}{GR} \quad \text{und} \quad \frac{\partial T}{\partial P} = \frac{V}{GR}\,. \tag{106}$$

Somit wird:

$$dT = \frac{P}{GR}\cdot dV + \frac{V}{GR}\cdot dP = \frac{1}{GR}\,(P\,dV + V\,dP) = \frac{1}{GR}\,d(PV)\,.$$

Das P-V-Diagramm besitzt eine Schar Äquipotentiallinien für T (Isothermen), die gleichseitige Hyperbeln $PV = $ konst. sind. Da T der *Intensitätsfaktor der Wärmebewegung* ist, so ist T gleichbedeutend mit dem Parameter λ des flächennormalen Feldes. Wenn während eines Kreisprozesses im P-V-Diagramm die Temperatur T konstant bleibt, so vollzieht sich der Prozeß auf der Äquipotentiallinie als Hinweg und Rückweg. Auf diese Weise kann natürlich keine periodisch arbeitende Maschine Arbeit leisten, noch aufnehmen. Die zugeführte Expansionswärme des Hinganges ist gleich der abgeführten Kompressionswärme des Rückganges. Wenn also Arbeit zu- oder abgeführt werden soll, muß sich bei dem Kreisprozeß deshalb die Temperatur verändern und der Ablauf von einer zur anderen Isotherme stattfinden. Während nun bei der isothermischen Zustandsänderung durch Zuführung von Wärme beim Expandieren eine Temperaturerniedrigung vermieden und durch Abführung

von Wärme beim Komprimieren eine Temperaturerhöhung verhütet
werden muß, ist zur Arbeitsverrichtung im Kreisprozeß eine Zustandsänderung erforderlich, bei der sich im Verlaufe eine Temperaturverände-
rung vollziehen soll. Natürlich darf diese Zustandsänderung weder durch
Wärmezufuhr von außen noch durch Wärmeabfuhr nach außen beein-
flußt werden. Dies ist aber die *adiabatische* Zustandsänderung bei
wärmedichtem Abschluß des Gases. Die Adiabatenlinien im P-V-Dia-
gramm sind ebenfalls Äquipotentiallinien, und zwar für die Entropie-
größe S. Dies folgt schon daraus, daß zugleich mit der adiabatischen Bedingung $dQ = 0$ auch $dS = dQ/T$ zu Null wird. Die S-Funktion hat ebenfalls ein vollständiges Differential und ist wegunabhängig. Für das ideale
Gas ist:

$$S = G\,c_v \ln\,(PV^{\varkappa}) + S_0 \tag{107}$$

und

$$dS = G\,c_v\,d\ln\,(PV^{\varkappa})$$

d. h. bei der Integration über eine geschlossene Kurve im Kreisprozeß
wird $dS = 0$. Da S der *Extensivfaktor der Wärmebewegung* ist, so ist S
gleichbedeutend mit dem Parameter φ des flächennormalen Feldes. Das
Produkt $\lambda\,d\varphi$ im STOKESschen Satz Gl. (18) heißt demnach in der Thermodynamik:

$$\lambda\,d\varphi = T\,dS\,. \tag{108}$$

Ein Netz von T-Linien (λ-Linien) und S-Linien (φ-Linien) überdeckt das
P-V-Diagramm. In Gl. (13) wurde zum Ausdruck gebracht, daß die Bedingung des flächennormalen Feldes lautet:

$$\mathfrak{A}\,\mathrm{rot}\,\mathfrak{A} = 0\,.$$

Ferner war gezeigt worden, daß

$$\mathfrak{A} = \lambda\,\mathrm{grad}\,\varphi\,, \qquad [\text{s. Gl. (10)}]$$

$$\mathrm{rot}\,\mathfrak{A} = [\mathrm{grad}\,\lambda\,\mathrm{grad}\,\varphi] \qquad [\text{s. Gl. (11)}]$$

ist. Für die Thermodynamik ist nun
wegen

$$\lambda = T$$

und

$$\varphi = S\,,$$

$$\mathfrak{A} = T\,\mathrm{grad}\,S\,, \tag{109}$$

$$\mathrm{rot}\,\mathfrak{A} = [\mathrm{grad}\,T\,\mathrm{grad}\,S]\,. \tag{110}$$

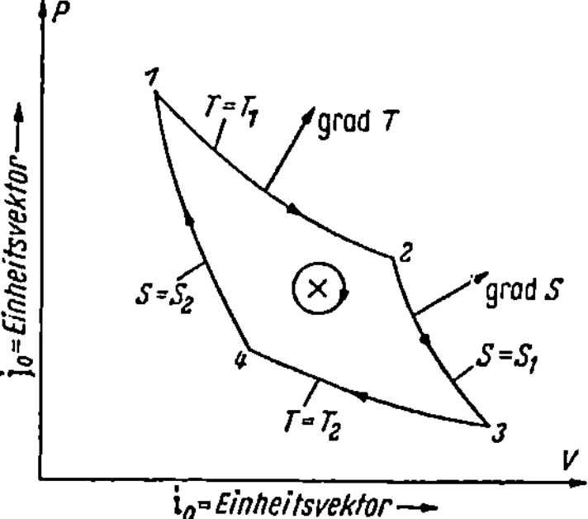

Abb. 19. Isothermen und Adiabaten
als Äquipotentiallinien im P-V-Diagramm

Die Äquipotentiallinien T und S gleich konstant haben Gradienten grad
T und grad S im P-V-Feld, die sich leicht bestimmen lassen. In Abb. 19
sind als Abszisse das Volumen V [m³] und als Ordinate der Druck P
[kg/m²] abgetragen.

Der Einheitsvektor von V möge mit i_0, der von P mit j_0 bezeichnet werden. 1 2 3 4 1 stelle einen CARNOT-Prozeß mit zwei Isothermen T_1 und T_2 und zwei Adiabaten S_1 und S_2 vor. Ferner soll das allgemeine Gasgesetz gelten:

$$PV = GRT. \tag{111}$$

Man kann nun grad T wie folgt berechnen:

$$\mathrm{grad}\ T = i_0 \frac{\partial T}{\partial V} + j_0 \frac{\partial T}{\partial P}.$$

Aus Gl. (111) folgt:

$$T = \frac{PV}{GR}$$

und

$$\frac{\partial T}{\partial V} = \frac{P}{GR}, \qquad \frac{\partial T}{\partial P} = \frac{V}{GR}.$$

Somit wird:

$$\mathrm{grad}\ T = i_0 \frac{P}{GR} + j_0 \frac{V}{GR}. \tag{112}$$

In ähnlicher Weise errechnet sich:

$$\mathrm{grad}\ S = i_0 \frac{\partial S}{\partial V} + j_0 \frac{\partial S}{\partial P}$$

aus

$$S = G c_v \ln (PV^{\varkappa}) + S_0$$

folgt:

$$\frac{\partial S}{\partial V} = G c_v \frac{\varkappa}{V}, \qquad \frac{\partial S}{\partial P} = \frac{G c_v}{P}.$$

Setzt man diese Werte ein, so wird:

$$\mathrm{grad}\ S = i_0 G c_v \cdot \frac{\varkappa}{V} + j_0 G c_v \cdot \frac{1}{P}. \tag{113}$$

Aus Gl. (112) und (113) findet man gemäß Gl. (110):

$$\mathrm{rot}\ \mathfrak{A} = [\mathrm{grad}\ T\ \mathrm{grad}\ S] = \left[\left(i_0 \frac{P}{GR} + j_0 \frac{V}{GR}\right)\left(i_0 G c_v \cdot \frac{\varkappa}{V} + j_0 G c_v \cdot \frac{1}{P}\right)\right].$$

Nach Durchführung der vektoriellen Multiplikation des äußeren Produktes wird:

$$\mathrm{rot}\ \mathfrak{A} = [j_0 i_0] \frac{c_v}{R} (\varkappa - 1).$$

Beachtet man noch, daß $c_v = A R/(\varkappa - 1)$ ist, so wird:

$$\mathrm{rot}\ \mathfrak{A} = [j_0 i_0] \cdot A = - \mathfrak{z}_0 \cdot A. \tag{114}$$

Abgesehen vom Umrechnungsfaktor (der Wärmeäquivalentzahl) $A = 1/427$ ist der rot $\mathfrak{A} = \mathrm{rot}\ (T\ \mathrm{grad}\ S)$ nichts anderes als der Einheitsvektor $- \mathfrak{z}_0$, der senkrecht auf der P-V-Ebene von Abb. 19 steht und die *Rechtsdrehung* des Kreisprozesses angibt. Man erkennt ferner, daß rot $\mathfrak{A} = 0$

wird, wenn T und grad S in die gleiche Richtung fallen. Ferner wird rot $\mathfrak{A} = 0$, wenn grad $T = 0$, also $T =$ konst., oder wenn grad $S = 0$, also $S =$ konst. sind.

Die Größe der Arbeit selbst folgt aus dem Stokesschen Satz (Gl. 4):

$$\oint_K \mathfrak{A}\, d\mathfrak{r} = \int_F d\mathfrak{f}\ \text{rot}\ \mathfrak{A} = \int_F d\mathfrak{f}\, \mathfrak{n}\ \text{rot}\ \mathfrak{A}\,.$$

Mit $\mathfrak{A} = T$ grad S und rot $\mathfrak{A} = -\, \mathfrak{z}_0\, A$ findet man:

$$\oint_K T\ \text{grad}\ S\ d\mathfrak{r} = -\, \mathfrak{z}_0\, A \int d\mathfrak{f}$$

oder

$$\oint_K T\, dS = -\, \mathfrak{z}_0\, A \cdot F\,. \tag{115}$$

F ist die Fläche 1 2 3 4 1 im P-V-Diagramm. Beim Wärmepumpen- und Kälteprozeß wird die Kurve K im P-V-Diagramm links umfahren. Nach dem Stokesschen Satz wird dann rot $\mathfrak{A} = +\ \mathfrak{z}_0\, A$. Da T grad S senkrecht auf den Adiabatenlinien 2—3 und 1—4 steht, wird $\mathfrak{A}\, d\mathfrak{r} = T$ grad $S\, d\mathfrak{r}$ $= T\, dS = 0$. Auf den Adiabaten wird ja auch Wärme weder zu- noch abgeführt. Die der Arbeit im Carnotprozeß 1 2 3 4 1 der Abb. 19 gleichwertige Wärmemenge ist somit:

$$Q = T_1 \int_1^2 \text{grad}\ S\ d\mathfrak{r} + T_2 \int_3^4 \text{grad}\ S\ d\mathfrak{r} = T_1 \int_1^2 dS + T_2 \int_3^4 dS$$

oder

$$Q = T_1\, (S_2 - S_1) - T_2\, (S_3 - S_4) = (T_1 - T_2)\, (S_2 - S_1)$$
$$= (T_1 - T_2)\, (S_3 - S_4)\,.$$

Der große Vorteil dieser vektoranalytischen Darstellungsmethode besteht darin, daß der Zusammenhang zwischen den mathematischen Begriffen *vollständiges* und *unvollständiges* Differential, *Wegabhängigkeit*, *Wegunabhängigkeit*, *integrierendem* Nenner und 2. Hauptsatz durch die Benutzung des *flächennormalen, wirbelhaften* Feldes deutlich in Erscheinung tritt. Die normalen Flächen, bzw. die normalen Linien im ebenen Feld, sind die Adiabatenlinien oder Isentropen. Der Vektor T grad S in diesem Felde soll mit Wärmevektor $\mathfrak{H}$ bezeichnet werden:

$$\mathfrak{H} = T\ \text{grad}\ S\,. \tag{116}$$

Der wirbelhafte Wärmevektor $\mathfrak{H}$ wird erst zum wirbelfreien Vektor, zum Gradienten grad S der Entropie-Äquipotentiallinie, durch Division mit dem *integrierenden Nenner* T, also

$$\frac{\mathfrak{H}}{T} = \text{grad}\ S\,.$$

Die umgesetzte Elementar-Wärmemenge dQ ist nach dem STOKESschen Satz gleich dem inneren Produkt aus $\mathfrak{H}$ und $d\mathfrak{r}$, so daß

$$dQ = \mathfrak{H}\, d\mathfrak{r} = T\, \text{grad}\, S\, d\mathfrak{r} = T\, dS$$

wird. Das unvollständige Differential $T\, \text{grad}\, S\, d\mathfrak{r}$ wird nach Division mit dem *integrierenden Nenner* T zum vollständigen Differential grad $S\, d\mathfrak{r} = dS$. Hieraus erkennt man, daß tatsächlich der integrierende Nenner T der klassischen und der vektoranalytischen Betrachtungsweise identisch sind. Die zum Wärmevektor $\mathfrak{H}$ normalen, wirbelhaften Entropielinien im P-V-Diagramm schneiden sich nicht. Dies ist die besondere Eigenschaft der flächennormalen, wirbelhaften Felder. Für sie gilt wärmetechnisch:

$$\mathfrak{H}\, \text{rot}\, \mathfrak{H} = 0$$

mit

$$\text{rot}\, \mathfrak{H} \neq 0\,.$$

$$\mathfrak{H}\, \text{rot}\, \mathfrak{H} = T\, \text{grad}\, S\, [\text{grad}\, T\, \text{grad}\, S] = T\, [\text{grad}\, S\, \text{grad}\, S]\, \text{grad}\, T = 0\,.$$

Die klassische Thermodynamik drückt diesen Sachverhalt mit folgenden Worten aus: Wenn sich zwei Isentropen schneiden würden, so erhielte man ein von diesen beiden Linien und einer Isothermen begrenztes, krummliniges Dreieck, das den Kreisprozeß veranschaulichen würde. Es würde also längs einer Isothermen Wärme zugeführt. Es wäre aber keine zweite Isotherme vorhanden, längs deren Wärme abgeführt würde. Trotzdem wäre eine äquivalente Arbeit geleistet worden. Dies widerspricht aber den *Erfahrungen* beim Wärmeübergang und somit dem zweiten Hauptsatz. Im flächennormalen Felde nun kann man in gleicher Weise nicht von der einen Isentropenlinie zur anderen über einen Schnittpunkt gelangen. Man kann nur auf Isothermenlinien von einer Normallinie (-fläche) zur anderen kommen. Gerade infolge des Vorhandenseins von wirbelhaften, normalen Linien (Flächen) eignet sich diese vektoranalytische Darstellung zur Wiedergabe der Beziehungen beim 2. Hauptsatz besonders gut.

Im P-V-Diagramm sind die Temperatur T und die Entropie S als Funktionen der Veränderlichen P und V dargestellt:

$$T = \frac{PV}{GR}\,,$$

$$S = G\, c_v \ln\, (P\, V^{\varkappa}) + S_0\,.$$

Ebenso sind die zugehörigen Gradienten:

$$\text{grad}\, T = \mathfrak{i}_0\, \frac{P}{GR} + \mathfrak{j}_0\, \frac{V}{GR}\,,$$

$$\text{grad}\, S = \mathfrak{i}_0\, G\, c_v \cdot \frac{\varkappa}{V} + \mathfrak{j}_0\, \frac{G\, c_v}{P}\,.$$

Funktionen der beiden Veränderlichen P und V.

In einem T-S-Diagramm, Abb. 20, mit T als Ordinate und S als Abszisse und den Einheitsvektoren $\mathfrak{i}_0$ in S-Richtung und $\mathfrak{j}_0$ in T-Richtung wird:

$$\operatorname{grad} T = \mathfrak{j}_0\,,$$
$$\operatorname{grad} S = \mathfrak{i}_0\,,$$
$$\mathfrak{H} = T \operatorname{grad} S = \mathfrak{i}_0\, T\,,$$
$$\mathfrak{H}\, d\mathfrak{r} = T \operatorname{grad} S\, d\mathfrak{r} = T\, dS\,,$$
$$\operatorname{rot} \mathfrak{H} = [\operatorname{grad} T \operatorname{grad} S] = [\mathfrak{j}_0\, \mathfrak{i}_0] = -\, \mathfrak{k}_0\,.$$

In dieser Darstellung werden die Äquipotentiallinien $T = \text{konst.}$ und $S = \text{konst.}$ gerade Linien, die sich rechtwinklig schneiden.

In Abb. 20 wird die zugeführte Wärme Q_1 durch den STOKESschen Satz ausgedrückt als:

$$Q_1 = \oint_{12561} \mathfrak{H}\, d\mathfrak{r} = \oint_{12561} T\, dS$$

$$= -\, \mathfrak{k}_0 \int_{12561} df = -\, \mathfrak{k}_0 \cdot \underset{12561}{F}$$

(rechtsdrehend).

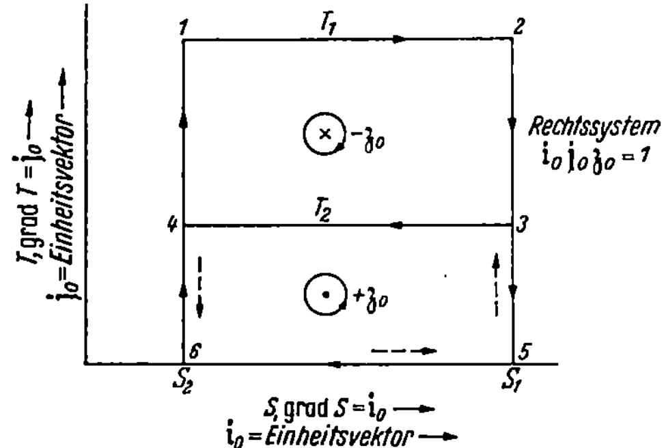

Abb. 20. Isothermen und Isentropen als Äquipotentiallinien im T-S-Diagramm

Die abgeführte Wärme Q_2 wird entsprechend:

$$Q_2 = +\, \mathfrak{k}_0 \cdot \underset{34653}{F} \quad \text{(linksdrehend)}\,.$$

Der Überschuß der zugeführten über die abgeführte Wärmemenge ist;

$$Q_1 - Q_2 = -\, \mathfrak{k}_0 \left(\underset{12561}{F} - \underset{34653}{F} \right),$$

$$A\, L = Q_1 - Q_2 = -\, \mathfrak{k}_0\, \underset{12341}{F}\,.$$

Dies ist das Wärmeäquivalent der im CARNOTprozeß nach außen abgegebenen Arbeit. Ähnliche Überlegungen gelten für den linksdrehenden CARNOTprozeß der Kältemaschine bzw. Wärmepumpe.

Beim Wärmeübergang von T_1 auf T_2, s. Abb. 21, treten zwei Kreisprozesse 1 2 3 4 (rechtsdrehend) und 5 3 7 6 (linksdrehend) auf. Im ganzen System darf ferner nach dem 1. Hauptsatz keine Wärmeenergie verloren gehen. Daher muß im STOKESschen Satz das Linienintegral entlang der geschlossenen Kurve K (1 2 3 7 6 5 3 4 1) zu Null werden. Vektoriell ausgedrückt heißt dies:

$$\oint_K \mathfrak{H}\, d\mathfrak{r} = \oint_K T\, dS = 0$$

oder

$$(S_2 - S_1)\, T_1 + 0 \cdot (S_3 - S_2) - T_2 (S_3 - S_2) - T_2 (S_2 - S_1) = 0$$

oder geordnet:

$$(S_2 - S_1)(T_1 - T_2) - T_2 (S_3 - S_2) = 0 \,.$$

Nun bedeuten aber:

$$(S_2 - S_1)(T_1 - T_2) = F_1 = \int_{F_1} df \ \text{über} \ 1\ 2\ 3\ 4$$

und

$$(S_3 - S_2)\, T_2 = F_2 = \int_{F_2} df \ \ \text{über} \ \ 5\ 3\ 7\ 6 \,.$$

Damit die obige Gleichung $F_1 - F_2 = 0$ erfüllt werden kann, muß der Inhaltsbetrag F_1 gleich dem Inhaltsbetrag F_2 sein und außerdem die zugehörigen Rotoren $\mathfrak{z}_0$ entgegengesetztes Vorzeichen besitzen. Es folgt daraus, daß für die Wärmezuführung 1 2 7 8 1 rechtsdrehend und für die Wärmeabführung 5 4 8 6 5 linksdrehend sind. Ähnlich wie beim Rührblatt tritt zu einem rechtsdrehenden auch ein *ausgleichender* linksdrehender Wirbel auf. Beim Wärmeübergang von T_1 auf T_2 wird also die der Fläche 1 2 3 4 entsprechende Wärmemenge bei hoher Temperatur T_1 in einem *rechtsdrehenden Wirbel* zugeführt. Sie ist die zur Überwindung der Wärmeübergangs — Wärmedurchgangswiderstände erforderliche Wärmeenergie, die nach Erreichung der niedrigen Temperatur T_2 ihren Wert als Energieleistung zur Überwindung des Temperaturgefälles $\varDelta T = T_1 - T_2$ gemäß dem 2. Hauptsatz verloren hat. Dieselbe Wärmemenge wird nun in einem *linksdrehenden Wirbel* gleicher Energiestärke $(F_1 = F_2)$ zusammen mit dem Wärmestrom 7 3 4 8 von der niedrigeren Temperatur T_2 abgeführt. Der Wärmevektor $\mathfrak{H} = T\,\mathfrak{i}_0$ im T-S-Diagramm ist ein Vektor von konstanter Richtung $\mathfrak{i}_0$. Da der Wirbel rot $\mathfrak{H}$ = rot $(T\,\mathfrak{i}_0) = [\text{grad } T\,\mathfrak{i}_0] = [\mathfrak{j}_0\,\mathfrak{i}_0]$ durch die Änderung des Betrages *quer* zu seiner Richtung $\mathfrak{i}_0$ wegen grad T bestimmt ist, verhindert gerade diese Queränderung von T, also $\varDelta T$, das Verschwinden des Randintegrals im STOKESschen Satz. Somit zeigt die vektoranalytische Betrachtungsweise, daß ein Kreisprozeß nur bei Temperaturänderung (grad $T = \mathfrak{j}_0$) und Entropieänderung (grad $S = \mathfrak{i}_0$) stattfinden kann.

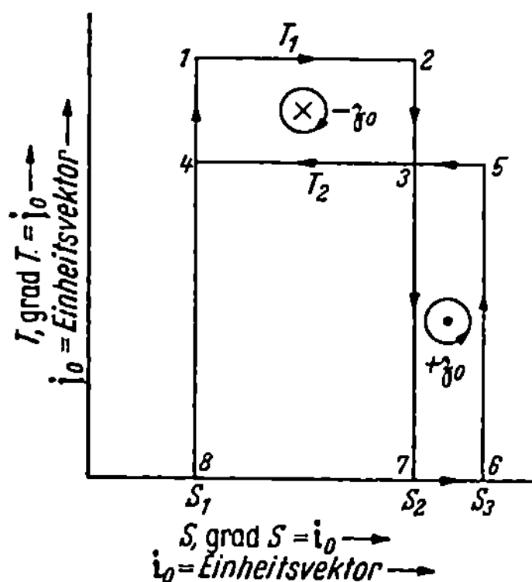

Abb. 21. Der Wärmeübergang von T_1 auf T_2 im Lichte der Wirbeltheorie

c) Wirkungsgrad eines Kreisprozesses

Mit Hilfe der Wirbeldarstellung kann man nun auch sehr einfach Aussagen über den Wirkungsgrad eines thermodynamischen Kreisprozesses machen. In Abb. 22 möge ein beliebiger rechtsdrehender Kreisprozeß $ABCDA$ im T-S-Diagramm betrachtet werden.

Die zugeführte Wärmemenge wird durch die Fläche $ABCEFA$ dargestellt. Der Wärmevektor $\mathfrak{H} = T\,\mathrm{grad}\,S$ wird entlang dem geschlossenen Kurvenzug $ABCEFA$ geführt und das STOKESsche Wirbelintegral $\oint_K T\,\mathrm{grad}\,S\,d\mathfrak{r}$ gebildet. Es lautet:

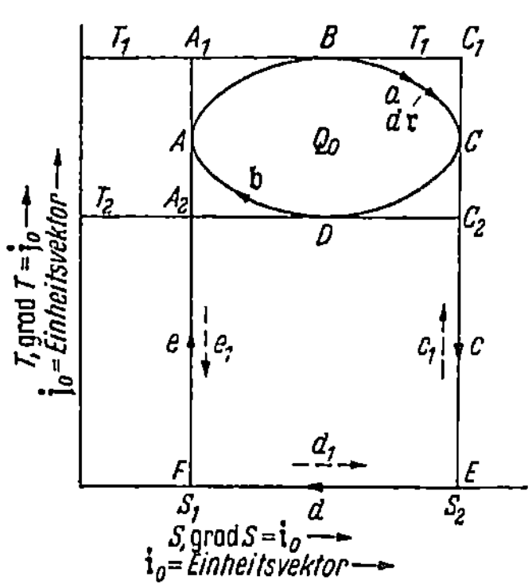

Abb. 22. Wirkungsgrad des Carnotprozesses im Lichte der Wirbeltheorie

$$\oint_K T\,\mathrm{grad}\,S\,d\mathfrak{r} = \int_A^C + \int_C^E + \int_E^F + \int_F^A .$$

Da $T\,\mathrm{grad}\,S$ senkrecht zu den S-Geraden stehen muß, verschwinden das zweite und vierte Integral. Außerdem wird auch wegen $T = 0$ das dritte Integral zu Null. Als einziger Wert im rechtsdrehenden Prozeß der Wärmezuführung bleibt nur noch das erste Integral $\int_A^C$ übrig. Als einziger Wert im linksdrehenden Prozeß der Wärmeabfuhr $CDAFEC$ bleibt nur übrig $\int_C^A$ über D. Als Gesamtergebnis erhält man somit die Differenz der beiden übrigbleibenden Integrale:

$$Q_0 = \oint T\,\mathrm{grad}\,S\,d\mathfrak{r} = \int_A^C T\,\mathrm{grad}\,S\,d\mathfrak{r} - \int_C^A T\,\mathrm{grad}\,S\,d\mathfrak{r}$$

oder

$$Q_0 = \oint T\,\mathrm{grad}\,S\,d\mathfrak{r} = \int_A^C T\,dS - \int_C^A T\,dS .$$

Q_0 stellt das Wärmeäquivalent der im rechtsdrehenden Kreisprozeß $ABCDA$ geleisteten Arbeit dar. Die insgesamt zugeführte Wärmemenge ist:

$$Q_1 = \int_A^C T\,\mathrm{grad}\,S\,d\mathfrak{r} = \int_A^C T\,dS .$$

Hieraus ergibt sich der thermodynamische Wirkungsgrad η zu:

$$\eta = \frac{\int_A^C - \int_C^A}{\int_A^C} = 1 - \frac{\int_C^A}{\int_A^C} = 1 - \frac{\int_C^A T\,dS}{\int_A^C T\,dS} = 1 - \psi .$$

η wird am größten, wenn ψ am kleinsten ist. ψ erreicht aber dann seinen kleinsten Wert, wenn der Zähler am kleinsten und zugleich der Nenner am größten ist. Dies tritt ein, wenn ABC in die Gerade A_1BC_1 für $T_1 = $ konst. und ADC in die Gerade A_2DC_2 für $T_2 = $ konst. fallen. Dann aber wird:

$$\eta = 1 - \frac{T_2 \int\limits_C^A dS}{T_1 \int\limits_A^C dS} = 1 - \frac{T_2\,(S_2 - S_1)}{T_1\,(S_2 - S_1)} = 1 - \frac{T_2}{T_1}. \tag{116}$$

Dies ist aber das größtmögliche η für den CARNOTprozeß mit den beiden Isothermen T_1 und T_2 und den beiden Isentropen S_1 und S_2.

d) Wirbelstromfläche beim Gegenstromkühler

In Abb. 23 ist schematisch ein Rohr eines Gegenstromkühlers dargestellt. Parallel der Achse ströme außen die heiße Flüssigkeit mit der veränderlichen absoluten Temperatur T °K von links nach rechts, während innen die kühlende Flüssigkeit mit der veränderlichen absoluten Temperatur T' °K entgegen von rechts nach links fließt. In der Abbildung ist oberhalb des Rohres der Temperaturverlauf von T und T' in Abhängigkeit von der Rohrlänge z gezeichnet. Die Daten für die heiße Flüssigkeit mögen mit q_1 [m³/h], γ_1 [kg/m³], c_1 [kcal/kg °C], für die kalte

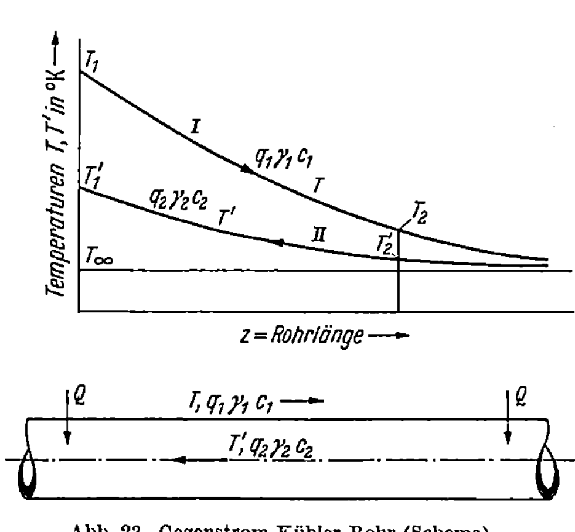

Abb. 23. Gegenstrom-Kühler-Rohr (Schema)

Flüssigkeit mit q_2 [m³/h], γ_2 [kg/m³], c_2 [kcal/kg °C] gegeben sein. Ferner soll für den Kühler $q_2\,\gamma_2\,c_2 > q_1\,\gamma_1\,c_1$ sein. Die Temperatur T [°K] der heißen Flüssigkeit nimmt im Verlauf der Strömung entlang dem Rohr ab, die Temperatur T' [°K] der entgegenströmenden, kühlenden Flüssigkeit durch das Rohr nimmt zu. Die Größen von T und T' kann man in bekannter Weise [9] analytisch darstellen, wenn man folgende Beziehungen einführt:

k Wärmedurchgangszahl in kcal/m²h °C
h Austauschfläche für 1 m Länge in m²/m
q_1 Flüssigkeitsmenge in Phase I in m³/h
q_2 Flüssigkeitsmenge in Phase II in m³/h
γ_1 spez. Gewicht von q_1 in kg/m³

γ_2 spez. Gewicht von q_2 in kg/m³

c_1 spez. Wärme von q_1 in kcal/kg °C

c_2 spez. Wärme von q_2 in kcal/kg °C

$$m_1 = \frac{k\,h}{q_1\,\gamma_1\,c_1}\left[\frac{1}{m}\right] \text{ für die heiße Flüssigkeit}$$

$$m_2 = \frac{k\,h}{q_2\,\gamma_2\,c_2}\left[\frac{1}{m}\right] \text{ für die kalte Flüssigkeit}$$

$$\mu = \frac{m_2}{m_1} = \frac{q_1\,\gamma_1\,c_1}{q_2\,\gamma_2\,c_2} < 1$$

T_1 Eintrittstemperatur der heißen Flüssigkeit in °K

T_2 Austrittstemperatur der heißen Flüssigkeit in °K

T_2' Eintrittstemperatur der kalten Flüssigkeit in °K

T_1' Austrittstemperatur der kalten Flüssigkeit in °K

$$T = T_\infty + \frac{T_1 - T_1'}{1 - \mu} \cdot e^{-m_1(1-\mu)z} \tag{117}$$

$$T' = T_\infty + \frac{\mu}{1 - \mu} \cdot (T_1 - T_1') \cdot e^{-m_1(1-\mu)z} \tag{118}$$

$$T_\infty = T_1 - \frac{T_1 - T_1'}{1 - \mu}. \tag{119}$$

Bei unendlich großer Rohrlänge $z = \infty$ werden:

$$T = T' = T_\infty. \tag{120}$$

Man kann nun auch hier den Wärmeübergang von T auf T' im T-S-Diagramm darstellen wie in Abb. 21. Bei dem Gegenstromkühler jedoch verändern sich naturgemäß die Temperaturen T und T' mit der Entropie S (für T) und S' (für T'). Die Entropiegrößen S und S' haben im vorliegenden Fall die Dimension kcal/°K h. Die elementaren Entropieveränderungen dS und dS' ergeben sich zu:

$$dS = \frac{dQ}{T} = -\,q_1\,\gamma_1\,c_1\,\frac{dT}{T}, \tag{121}$$

$$dS' = \frac{dQ}{T'} = -\,q_2\,\gamma_2\,c_2\,\frac{dT'}{T'}. \tag{122}$$

Das negative Vorzeichen muß hier benutzt werden, weil im Verlaufe des Vorganges dS positiv und dT negativ ist. Die Integration ergibt:

$$S = -\,q_1\,\gamma_1\,c_1 \ln T + C_0.$$

Die Entropien S und S' sollen gerechnet werden vom Zustand T_1 der heißen eintretenden Flüssigkeit. Hier soll willkürlich $S = 0$ gesetzt werden. Dann ist:

$$0 = -\,q_1\,\gamma_1\,c_1 \ln T_1 + C_0,$$

$$C_0 = q_1\,\gamma_1\,c_1 \ln T_1$$

und somit

$$S = -q_1\,\gamma_1\,c_1 \ln T + q_1\,\gamma_1\,c_1 \ln T_1 \,,$$

$$S = -q_1\,\gamma_1\,c_1 \cdot (\ln T - \ln T_1) = -q_1\,\gamma_1\,c_1 \ln \frac{T}{T_1} \,,$$

$$\ln \frac{T}{T_1} = -\frac{S}{q_1\,\gamma_1\,c_1}$$

oder auch

$$\frac{T}{T_1} = e^{-\frac{S}{q_1\gamma_1 c_1}} \,. \tag{123}$$

Für die kalte Flüssigkeit findet man in derselben Weise:

$$\frac{T'}{T'_1} = e^{-\frac{S'}{q_2\gamma_2 c_2}} \,, \tag{124}$$

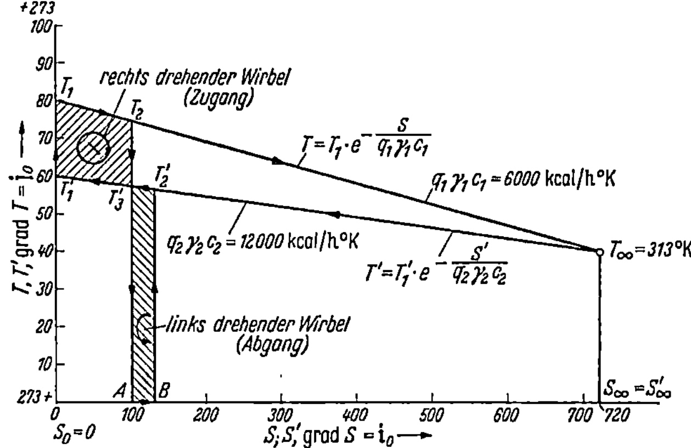

Abb. 24. T-S-Diagramm für Gegenstromkühler im Lichte der Wirbeltheorie

$$q_1\,\gamma_1\,c_1 = 6000 \text{ kcal/h °K} \qquad q_2\,\gamma_2\,c_2 = 12\,000 \text{ kcal/h °K}$$

$$\mu = \frac{q_1\,\gamma_1\,c_1}{q_2\,\gamma_2\,c_2} = \frac{6000}{12\,000} = 0,5$$

$$T_1 = 353 \text{ °K } (= 80 \text{ °C}) \qquad T'_1 = 333 \text{ °K } (= 60 \text{ °C}) \qquad T_\infty = 313 \text{ °K } (= 40 \text{ °C})$$

In Abb. 24 ist das T-S-Diagramm für einen Gegenstromkühler mit:

$$q_1\,\gamma_1\,c_1 = 6000 \text{ kcal/h°C} \,,$$

$$q_2\,\gamma_2\,c_2 = 12000 \text{ kcal/h°C} \,,$$

$$\mu = \frac{6000}{12000} = 0,5 \,,$$

$$T_1 = 353\text{°K} \,(= 80\text{°C}) \,,$$

$$T'_1 = 333\text{°K} \,(= 60\text{°C})$$

dargestellt. Aus Gl. (119) für T_∞ folgt:

$$T_\infty = 353 - \frac{353 - 333}{0,5} = 353 - 40 = 313 \text{ °K } (= 40 \text{ °C}) \,.$$

Den größten Wert von S findet man für $T_\infty = 313\ °\mathrm{K}$

$$\frac{313}{353} = 0{,}887 = e^{-0{,}12} = e^{-\frac{S}{q_1\gamma_1 c_1}},$$

$$S = 0{,}12 \cdot 6000 = 720\ [\mathrm{kcal/°K\ h}]\,.$$

Für S' findet man denselben Wert:

$$\frac{313}{333} = 0{,}94 = e^{-0{,}06} = e^{-\frac{S'}{q_2\gamma_2 c_2}},$$

$$S' = 0{,}06 \cdot 12\,000 = 720\ [\mathrm{kcal/°K\ h}]\,.$$

Setzt man vorübergehend

$$\frac{S}{q_1\gamma_1 c_1} = x\,,$$

so ist

$$\frac{T}{T_1} = e^{-x} = 1 - \frac{x}{1!} + \frac{x^2}{2!} - \frac{x^3}{3!} + \cdots\,.$$

Bei den kleinen Werten von $x = 0{,}12$ und $x = 0{,}06$ kann man die Potenzreihe nach dem Glied $\dfrac{x}{1!}$ abbrechen und erhält:

$$\frac{T}{T_1} = 1 - x = 1 - \frac{S}{q_1\gamma_1 c_1}$$

und

$$T = -\frac{T_1}{q_1\gamma_1 c_1} \cdot S + T_1\,. \tag{125}$$

Für T' findet man:

$$T' = -\frac{T_1'}{q_2\gamma_2 c_2} \cdot S' + T_1'\,. \tag{126}$$

Das heißt aber: Obwohl $T = f(S)$ und $T' = f(S')$ streng genommen Exponentialfunktionen sind, kann man doch mit *großer Annäherung* bei kleinen Werten $S/q_1\gamma_1 c_1$ und $S'/q_2\gamma_2 c_2$ diese Funktionen als gerade Linien im T-S-Diagramm darstellen. Hierfür wird nun:

$$\operatorname{grad} S = \mathfrak{i}_0\,\frac{\partial S}{\partial S} + \mathfrak{j}_0\,\frac{\partial S}{\partial T} = \mathfrak{i}_0 \qquad \mathrm{a)} \left.\vphantom{\frac{\partial S}{\partial S}}\right\}$$

$$\operatorname{grad} T = \mathfrak{i}_0\,\frac{\partial T}{\partial S} + \mathfrak{j}_0\,\frac{\partial T}{\partial T} = \mathfrak{j}_0\,. \qquad \mathrm{b)} \left.\vphantom{\frac{\partial T}{\partial S}}\right\} \tag{127}$$

Der Wärmevektor $\mathfrak{H}$ nach Gl. (116) wird:

$$\mathfrak{H} = T\,\operatorname{grad} S = T\,\mathfrak{i}_0$$

und

$$\operatorname{rot}\mathfrak{H} = [\operatorname{grad} T\ \operatorname{grad} S] = [\mathfrak{j}_0\,\mathfrak{i}_0] = -[\mathfrak{i}_0\,\mathfrak{j}_0] = -\mathfrak{z}_0$$
$$\text{(rechtsdrehend)}.$$

Betrachtet man in Abb. 24 beispielsweise den Temperaturabfall von T_1 auf T_2 in der heißen Flüssigkeit und den Temperaturanstieg von T_2' auf T_1' in der kalten Flüssigkeit, so muß sein:

$$\text{Inhalt von } T_1\,T_2\,AO = \text{Inhalt von } T_2'\,T_1'\,OB \;.$$

$T_1\,T_2\,AO$ stellt die von der heißen Flüssigkeit unter rechtsdrehendem Wirbel abgegebene Wärmemenge dar und $T_2'\,T_1'\,OB$ die von der kalten Flüssigkeit unter linksdrehendem Wirbel aufgenommene Wärmemenge. Der rechtsdrehende Wirbel $T_1\,T_2\,T_3'\,T_1'$ veranschaulicht die von der heißen Flüssigkeit zur Überwindung der Wärmeübergangswiderstände erforderliche Wärmemenge, die unter linksdrehendem Wirbel $T_2'\,T_3'\,A\,B$ von der kälteren Flüssigkeit aufgenommen wird.

Man kann nun nicht nur im T-S-Diagramm durch Wirbel den Wärmeübergang versinnbildlichen, sondern auch am Rohr selbst durch eine ähnliche Darstellung unmittelbar den Sitz der Wirbelfläche als Energieübertragungsfläche nachweisen. Hierdurch verliert die Benutzung der Wirbeltheorie ihr abstraktes Gepräge, wird anschaulicher und nimmt eine auch für den mehr praktisch eingestellten Verfahrensingenieur greifbare Gestalt an. Die Darstellung vereinfacht sich, wenn man die Zylinderkoordinaten von Gl. (20) verwendet. Gemäß Abb. 3 sollen wieder $\mathfrak{r}_0\,\mathfrak{t}_0\,\mathfrak{z}_0$ ein Rechtssystem bilden.

$$\operatorname{grad} S = \mathfrak{r}_0\,\frac{\partial S}{\partial r} + \mathfrak{t}_0 \cdot \frac{1}{r} \cdot \frac{\partial S}{\partial \psi} + \mathfrak{z}_0\,\frac{\partial S}{\partial z}\,,$$

$$\operatorname{grad} T = \mathfrak{r}_0\,\frac{\partial T}{\partial r} + \mathfrak{t}_0 \cdot \frac{1}{r} \cdot \frac{\partial T}{\partial \psi} + \mathfrak{z}_0\,\frac{\partial T}{\partial z}\,,$$

$$\operatorname{rot}\,(T\operatorname{grad} S) = [\operatorname{grad} T\operatorname{grad} S]\,,$$

$$\mathfrak{H} = T\operatorname{grad} S.$$

Hierbei möge die $\mathfrak{z}_0$-Richtung in die Rohrachse fallen und als positiv gelten, wenn sie die Richtung der außerhalb des Rohres parallel zur Achse fließenden heißen Flüssigkeit besitzt. Diese gibt an irgendeiner Stelle z (z wird gerechnet vom heißen Rohrende mit der Temperatur $T = T_1$) durch die Elementaraustauschfläche $h\,dz$ [m²] bei einer Gesamtwärmedurchgangszahl k (kcal/m² h °C] und einem Temperaturunterschied $(T - 0) = T$ zwischen heißer und kalter Flüssigkeit von $T = 0$ die Elementarwärme dQ ab:

$$dQ = q_1\,\gamma_1\,c_1\,dT = k\,h\,T\,dz\;.$$

Die Entropieabnahme der heißen Flüssigkeit bei Abkühlung um dT beträgt:

$$dS = \frac{dQ}{T} = q_1\,\gamma_1\,c_1\,\frac{dT}{T} = k\,h\,dz\;.$$

Hiermit wird die Entropieabnahme für die Einheit der Länge:

$$\frac{dS}{dz} = k\,h = \text{konst.} \qquad (128)$$

Änderungen der Entropie S in den Richtungen $\mathfrak{r}_0$ senkrecht zum Rohr und $\mathfrak{t}_0$ tangential zum Rohr treten nicht auf. Folglich sind:

$$\frac{\partial S}{\partial r} = 0 \qquad \text{und} \qquad \frac{\partial S}{\partial \psi} = 0\,.$$

Somit stellt sich der Gradient der Entropie dar als:

$$\text{grad}\,S = \mathfrak{z}_0\,\frac{\partial S}{\partial z} = \mathfrak{z}_0\,k\,h\,. \qquad (129)$$

Der Wärmevektor $\mathfrak{H} = T\,\text{grad}\,S$ erhält die Gestalt:

$$\mathfrak{H} = T \cdot k\,h \cdot \mathfrak{z}_0\,. \qquad (130)$$

Der Rotor des Wärmevektors $\mathfrak{H}$ wird:

$$\text{rot}\,\mathfrak{H} = \text{rot}\,(T\,k\,h\,\mathfrak{z}_0)\,.$$

Hierin ist $k\,h$ eine konstante Größe, und es ist:

$$\text{rot}\,\mathfrak{H} = k\,h\,\text{rot}\,(T\,\mathfrak{z}_0) \qquad (131)$$

oder

$$\text{rot}\,\mathfrak{H} = k\,h\,[\text{grad}\,\mathrm{T} \cdot \mathfrak{z}_0]\,. \qquad (132)$$

Das heißt: Der Rotor des Wärmevektors $\mathfrak{H}$ von der konstanten Richtung $\mathfrak{z}_0$ ist durch die Änderung seines Betrages T quer zu seiner Richtung bestimmt.

Denkt man sich in Abb. 25 das Randintegral längs dem Umfang des Rechteckes 1 2 3 4 1 gebildet, so sieht man, daß die beiden Seiten 1—2 und 3—4 parallel zu $\mathfrak{z}_0$ sind, während 2—3 und 1—4 senkrecht zu $\mathfrak{z}_0$ stehen. Die beiden senkrechten Seiten 2—3 und 1—4 liefern keinen Beitrag zum Randintegral $\int \mathfrak{H}\,d\mathfrak{r}$, weil $\mathfrak{H} = k\,h\,T \cdot \mathfrak{z}_0$ senkrecht zu ihnen steht. Nur die parallelen Seiten 1—2 und 3—4 liefern dann einen Beitrag, wenn T auf (1—2) einen anderen Wert hat als T' auf (3—4). Man erkennt also sofort, daß gerade die Queränderung von T auf T' das Verschwinden des Randintegrals verhindert. Wenn demnach ein Temperaturgefälle $(T — T')$ besteht, muß ein Wirbel rot $\mathfrak{H}$ existieren. Das Vorhandensein des Temperaturgefälles $(T — T')$ und des Wirbels rot $\mathfrak{H}$ sind also beides Ausdrücke des zweiten Hauptsatzes beim Wärmeübergang.

Der Temperaturgradient grad T hat in tangentialer Richtung (Einheitsvektor $\mathfrak{t}_0$) und axialer Richtung (Einheitsvektor $\mathfrak{z}_0$) keine Komponenten, sondern nur in radialer Richtung (Einheitsvektor $\mathfrak{r}_0$). Läßt man nämlich r und z unverändert, so ist entlang dem Kreise mit dem Radius r an der Rohrachsenstelle z die Temperatur T konstant, also $\partial T/\partial \psi = 0$.

Die Temperatur T ändert sich zwar mit z, wie die Gleichungen (117) und (118) zeigen, aber gleichzeitig ändert sich mit z auch r. Für *unverändertes r und ψ* jedoch muß $\partial T/\partial z = 0$ sein. Somit wird der Temperaturgradient

$$\operatorname{grad} T = \mathfrak{r}_0 \frac{\partial T}{\partial r}$$

oder, wenn man an jeder Stelle r die zugehörige Temperatur T hinschreibt, wird

$$\operatorname{grad} T = \mathfrak{r}_0 \,. \tag{133}$$

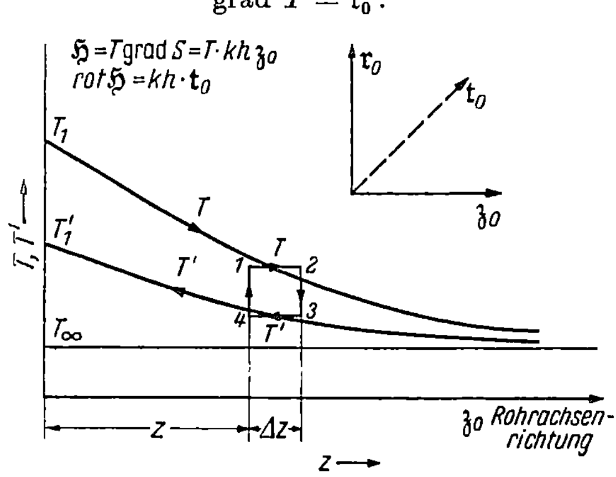

Abb. 25. Anwendung des STOKESschen Satzes auf den Wärmeübergang am zylindrischen Rohr
$$\mathfrak{H} = T \operatorname{grad} S = T \cdot k\,h\, \mathfrak{z}_0$$
$$\operatorname{rot} \mathfrak{H} = k\,h \cdot \mathfrak{t}_0$$

Der größte Anstieg von T fällt in die Richtung des Radiusvektors $\mathfrak{r}_0$. Gl. (132) kann deshalb auch geschrieben werden:

$$\operatorname{rot} \mathfrak{H} = \operatorname{rot}\,(T \operatorname{grad} S) = k\,h\,[\mathfrak{r}_0\, \mathfrak{z}_0] = k\,h \cdot \mathfrak{t}_0 \,. \tag{134}$$

Die Wirbelachse von $\operatorname{rot} \mathfrak{H}$ steht also tangential zum Rohr. Die Wirbelringe selbst liegen in den zu $\mathfrak{t}_0$ senkrechten Meridianebenen. Der Wärmevektor $\mathfrak{H} = k\,h\,T \cdot \mathfrak{z}_0$ fällt mit seiner axialen Richtung $\mathfrak{z}_0$ gleichfalls in die Meridianebene, und es ist:

$$\mathfrak{H} \operatorname{rot} \mathfrak{H} = k\,h\,T \cdot \mathfrak{z}_0 \cdot k\,h \cdot \mathfrak{t}_0 = (k\,h)^2\, T \mathfrak{z}_0\, \mathfrak{t}_0 = 0 \,,$$

weil $\mathfrak{z}_0\, \mathfrak{t}_0 =$ inneres Produkt von $\mathfrak{z}_0$ und $\mathfrak{t}_0$ gleich Null ist. In dem Rechteck 1 2 3 4 der Abb. 25 können bei genügend kleiner Länge des Δz (1—2 und 3—4) die Temperaturen T und T' als konstant angesehen werden. Wendet man nun auf das Rechteck den STOKESschen Satz an, so erhält man für das Randintegral über das Rechteck:

$$\oint_K \mathfrak{H}\, d\mathfrak{r} = k\,h\,T \cdot \mathfrak{z}_0 \cdot \Delta z \cdot \mathfrak{z}_0 - k\,h\,T' \cdot \mathfrak{z}_0\, \Delta z \cdot \mathfrak{z}_0$$

oder

$$\oint_K \mathfrak{H}\, d\mathfrak{r} = k\,h \cdot \Delta z\,(T - T') \,. \tag{135}$$

Für das Flächenintegral findet man:

$$\int_F df \cdot t_0 \operatorname{rot} \mathfrak{H} = (T - T') \cdot \Delta z \cdot t_0 \cdot k\,h\,t_0 = k\,h\,\Delta z\,(T - T')\,.$$

Der $\operatorname{rot} \mathfrak{H} = k\,h \cdot t_0$ bleibt entlang dem Rohrumfang und der Rohrlänge der gleiche, der Betrag des Wirbelvektors $\Delta z\,(T - T')$ nimmt jedoch mit zunehmendem z immer mehr ab, bis schließlich für $z = \infty$ der Wirbel zu Null wird und keine Wärme mehr übertragen werden kann.

In Abb. 26 sind die die Wärme übertragenden Wärmewirbel skizziert. Gemäß Abb. 25 entstehen an der oberen Wand im Schnitt entsprechend

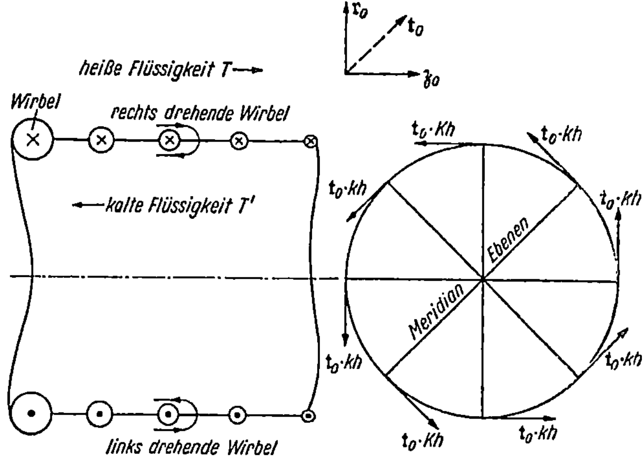

Abb. 26. Wärmewirbel am zylindrischen Rohr beim Wärmeübergang

Rechteck 1 2 3 4 1 rechtsdrehende Wärmewirbel. An der unteren Wand im Schnitt müssen sinngemäß linksdrehende Wärmewirbel auftreten. Im Schnitt senkrecht zur Rohrachse auf einem Kreis bleiben die Wirbel $t_0 \cdot k\,h$ stets in einer Richtung, im Bild drehen die t_0 links um die Rohrachse. Man kann sich also das Rohr mit Wirbelringen, ähnlich „*runden Gummibändern*" belegt denken. Diese Wirbelringe besorgen den Wärmetransport von der heißen Flüssigkeit mit der Temperatur T zur kalten Flüssigkeit mit der Temperatur T'. Die Wärmeübertragungsfläche des Rohres ist also auch eine Wirbelfläche. Die Normalflächen des Wirbelfeldes sind aber nicht die Zylinderflächen, sondern die Meridianebenen. Flächen gleicher Temperatur sind koaxiale Zylinder, die zwischen den T- und T'-Rotationsflächen liegen. Flächen konstanter Entropie S sind die zur Achse senkrecht stehenden Ebenen. Wie aus Abb. 26 ersichtlich, stimmen die Drehrichtungen der Wärmewirbel mit den Drehrichtungen der an der Wand bei der Bewegung entstehenden Reibungswirbel überein, so daß man vermuten könnte, daß eine Erzeugung stärkerer Reibungswirbel eine Verbesserung des Wärmeübergangs verursacht. Versuche bestätigen überdies die hier ausgesprochene Vermutung. Findet der Wärmeübergang nicht an einem zylindrischen Rohr wie in Abb. 26 statt, sondern erfolgt der Wärmeaustausch durch eine Wärmplatte wie in Abb. 27, so behalten die hier angestellten Überlegungen grundsätzlich ihre volle Gültigkeit.

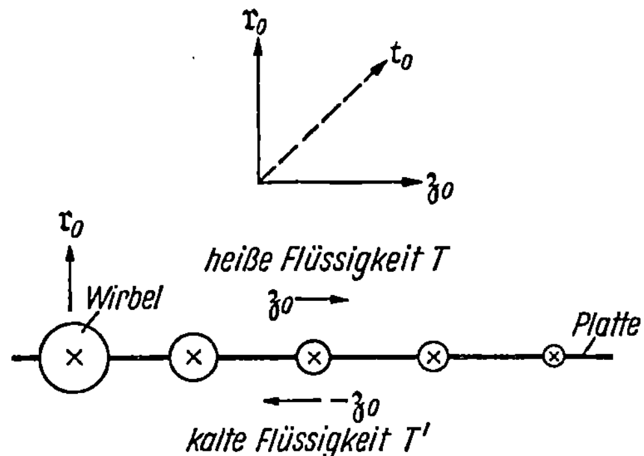

Abb. 27. Wärmewirbel an der Gegenstrom-Wärmeplatte

Vergleicht man ferner Abb. 27 für den Wärmeübergang mit Abb. 6 für den Reibungsvorgang mit waagerecht wirkender Reibungskraft, so erkennt man, daß beide Vorgänge sowohl im Bilde schon rein äußerlich als auch in der Wirklichkeit durch das gleiche Wirbelgesetz $\mathfrak{A}$ rot $\mathfrak{A} = 0$ mit rot $\mathfrak{A} \neq 0$ bestimmt sind. In Abb. 6 sind es die Reibungswirbel, in Abb. 27 die Wärmewirbel, die die energieübertragende Fläche bedecken.

IV. Folgerungen und Schlußbetrachtungen

Die obigen Ausführungen haben gezeigt, daß die energieübertragenden Flächen eines Apparates oder einer periodisch arbeitenden Maschine stets zugleich Wirbelflächen sind und daß durch das Entstehen der Wirbel erst Energie übertragen werden kann. Andernfalls spielen sich die Vorgänge nur auf einer Potentialfläche ab, und es fehlt das Gefälle (= der Sprung) von einer Äquipotentialfläche zur andern. Die Übertragung der Energie geht also *sprungweise* vor sich. Wenn auch in den durchgerechneten Beispielen nur Aufgaben aus den Gebieten der Mechanik und der Thermodynamik behandelt wurden, so gelten die Gesetze doch auch ganz allgemein. Der Grund hierfür liegt, wie oben ausführlich besprochen wurde, in der notwendigen und hinreichenden Bedingung dafür, daß in einem flächennormalen wirbelhaften Felde der Feldvektor senkrecht zu seinem Rotor stehen muß. Wenn diese Betrachtungsweise heute vielleicht noch als ungewöhnlich angesehen werden mag, so zeigen doch die oben erläuterten Beispiele aus der Praxis die Möglichkeit der Anwendung des flächennormalen Feldes auf sehr viele Aufgaben des Ingenieurs. Es scheint besonders vorteilhaft, bei neu zu konstruierenden Apparaten die Gesetze des flächennormalen Feldes zu benutzen, um mit dieser Betrachtungsweise leichter die Verlustquellen eines Verfahrens erkennen zu können. Es ist oft möglich, mit Hilfe des Gesetzes über das flächennormale Feld leicht die Hauptrichtlinien für Versuchsreihen festzulegen und somit die auf den Versuchen sich gründenden Konstruktionen erfolgreich zu beeinflussen.

Schrifttum

[1] MISES, R. v.: Theorie der Wasserräder. Z. Math. Phys. Bd. 57 (1909) S. 1.
[2] FÖPPL, A.: Vorlesungen über Technische Mechanik, Band 6, S. 444. B. G. Teubner, 1910.
[3] CARATHÉODORY, C.: Untersuchungen über die Grundlagen der Thermodynamik. Math. Ann. Bd. 67 (1909) S. 355. — M. BORN: Kritische Betrachtungen zur traditionellen Darstellung der Thermodynamik. Phys. Z. Bd. 22 (1921) S. 282.
[4] SPIELREIN, J.: Lehrbuch der Vektorrechnung, S. 170. Stuttgart: Konrad Wittwer 1926.
[5] —: Lehrbuch der Vektorrechnung, S. 117. Stuttgart: Konrad Wittwer 1926.
[6] —: Lehrbuch der Vektorrechnung, S. 170. Stuttgart: Konrad Wittwer 1926.
[7] MATZ, W.: Anwendung des Ähnlichkeitsgrundsatzes in der Verfahrenstechnik. Verfahrenstechnik in Einzeldarstellungen, Band 3, S. 21. Berlin/Göttingen/Heidelberg: Springer 1954.
[8] SPIELREIN, J.: Lehrbuch der Vektorrechnung, S. 19. Stuttgart: Konrad Wittwer 1926.
[9] MATZ, W.: Die Thermodynamik des Wärme- und Stoffaustausches in der Verfahrenstechnik, S. 87. Darmstadt: Steinkopff 1949.

Namen- und Sachverzeichnis

Berichtigungen

S. 7, Z. 11 v. o.: statt rot $\mathfrak{A} = 0$ **lies** rot $\mathfrak{A} \neq 0$

S. 22, Z. 20 v. o: statt entgegengesetztes **lies** entgegengesetzte

S. 24, Z. 6 v. u. Formel (43): statt $S_1 = \dfrac{p_1}{\cos \psi}$ **lies** $S_1 = \dfrac{P_1}{\cos \psi}$

S. 35, Z. 4 v. o.: statt $m\,\mathfrak{b}$ **lies** $m\,\mathfrak{b}_r$

Matz, Wirbelschicht